기와, 역사와 문화로 읽다

기하, 역사와 문화로 읽다

지은이	이광연
펴낸이	조경희
펴낸곳	경문사
펴낸날	2015년 1월 15일 1판 1쇄
	2022년 11월 1일 1판 3쇄
등 록	1979년 11월 9일 제 1979-000023호
주 소	121-818, 서울특별시 마포구 와우산로 174
전 화	(02) 332-2004 팩스 (02) 336-5193
이메일	kyungmoon@kyungmoon.com

값 10,000원

ISBN 978-89-6105-765-3

ⓒ 이광연, 2015

★ 경문사의 다양한 도서와 콘텐츠를 만나보세요!

홈페이지	www.kyungmoon.com	페이스북	facebook.com/kyungmoonsa
포스트	post.naver.com/kyungmoonbooks	블로그	blog.naver.com/kyungmoonbooks
북이오	buk.io/@pa9309	유튜브	https://www.youtube.com/channel/UCIDC8x4xvA8eZlrVaD7QGoQ

경문사 출간 도서 중 수정판에 대한 **정오표**는 **홈페이지 자료실**에 있습니다.

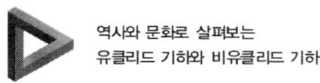

역사와 문화로 살펴보는
유클리드 기하와 비유클리드 기하

기하, 역사와 문화로 읽다

이광연 지음

KM 경문사

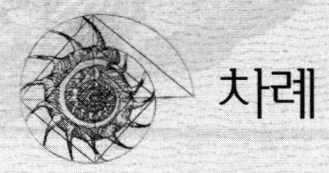
차례

고대

기하학의 시작 _8
(기원전 3000년경 ~ 기원전 1800년경)

고대 기하학의 결정체 _13
(기원전 1800년경 ~ 기원전 600년경)

논증 수학의 시작 _20
(기원전 600년경 ~ 기원전 500년경)

세상에서 가장 아름다운 정리 _27
(기원전 550년경 ~ 기원전 450년경)

수학자들의 성서 _41
 (기원전 400년 ~ 기원전 250년)

동양 기하학의 시초 _50
(기원전 5세기경)

인류 최초의 위대한 수학자 _61
(기원전 300년 ~ 기원전 200년)

그리스 수학의 황금시대 _75
(기원전 250년 ~ 기원후 300년경)

중세

유럽의 암흑기 _83
(300년경 ~ 1000년경)

아라비아의 기하학 _92
(600년경 ~ 1200년경)

근대

르네상스의 기하학 _103
(1200년경 ~ 1500년경)

유클리드 기하학을 넘어 _112
(1450년경 ~ 1650년경)

움직이는 물체 분석하기 _122
(1650년경 ~ 1750년경)

비유클리드 기하학 1 _131
(1700년경 ~ 1800년경)

비유클리드 기하학 2 _140
(1800년경 ~ 1900년경)

현대

비유클리드 기하학 3 _149
(20세기)

3차원 기하학을 넘어 _156
(20세기)

기하학을 넘어 _171
(20 ~ 21세기)

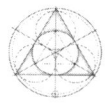 # 프롤로그

한 시대를 살아가는 사람들은 그 당시의 상황에서 이해되는 공통의 관념을 가지고 있다. 그리고 그런 관념은 마치 거대한 바위와 같이 굳건하기 때문에 거센 폭풍우에도 쉽게 쓰러지지 않는다. 거대한 바위를 깨는 것은 오히려 아무 힘없어 보이는 한 방울의 물이다. 끊임없이 같은 곳에 떨어지는 물방울은 거대한 바위에 조그만 물구멍을 남기고, 이 물구멍은 세월이 흐를수록 점점 커져 마침내 바위를 쪼갠다.

서구세계에서 굳건하고 거대한 바위와 같았던 유클리드 기하학에도 이와 같은 일이 일어났다. 유클리드가 《원론》에 제시했던 다섯 개의 공리와 다섯 개의 공준은 2000년 이상 수학을 지키는 초석이었다. 이 공리와 공준으로 완성된 수학은 절대적인 권위를 가졌기 때문에 사람들은 또 다른 수학을 생각할 수 없었다. 그러나 수학자들은 유클리드가 참이라고 생각했던 평행선공준이 과연 참인지 바위에 물방울이 떨어지듯이 끊임없이 의심해 왔다. 그 결과 평행선공준이 참이 아니어도 성립하는 새로운 수학이 있다는 것을 알게 되었다.

수학의 역사에서 비유클리드 기하학의 등장은 혁명적인 사건이었다. 유클리드 기하학은 서구사회에서 추구했던 지식의 모형이었기 때문에 비유클리드 기하학의 출현은 그런 지식 전체에 대한 혼돈이고 도전이었다. 이를테면 유클리드 기하학을 모델로 스피노자는 《윤리학》을 썼고, 홉스는 "인간은 기쁨은 극대화하고 고통은 극소화하려는 행동을 선택한다."고 사회를 단순하게 이해했으며, 아담 스미스는 《국부론》을 완성했다. 또한 서양철학의 역사를 통틀어 가장 위대한 철학자로 여겨지는 칸트는 유클리드 기하학적 모형으로 자신의 철학을 펼쳤다.

지구상에 존재하는 유일한 기하학으로 여겨졌던 유클리드 기하학에 대안적인 기하학이 존재한다는 것은 수학자뿐만 아니라 일반인에게도 큰 충격이었다. 자신이 아무리 직선을 그려도 그것은 직선이 아닌 곡선이라는 것은 지식과 관념에 대한 근본적인 의심을 품게 했다. 유클리드 기하학이 아닌 기하학이 하나둘 발표되고 약 60년이 지나서 아인슈타인은 '공리를 의심하여' 우주가 평평하지 않고 중력에 의하여 휘어져 있음을 보였고, 비유클리드 기하학을 기초로 일반상대성이론을 얻게 되었다.

주어진 직선과 평행하며 주어진 점을 지나는 직선은 하나뿐이라는 평행선공준은 얼핏 생각하면 옳은 것 같다. 그러나 이런 생각은 오늘날 과거에 비하여 고급수학을 배우고 있는 우리마저도 유클리드 기하학적 사고방식에 익숙해져 있기 때문이다. 비유클리드 기하학은 기존의 틀을 깨고 새로운 세계로 생각의 영역을 넓힐 수 있게 해준다. 이것이야말로 현대를 살아가는 우리가 가져야 할 발상의 전환의 기초가 된다.

사실 수학은 관념을 깨고 생각에 날개를 달 수 있게 해주는 분야이다. 따라서 유클리드 기하학과 비유클리드 기하학을 비교하며 이해할 수 있다면 더 쉽게 더 행복하게, 또 즐기면서 수학을 공부할 수 있을 것이다. 가장 위대한 수학은 생각을 단순화하는 것이고, 생각의 단순화는 '사고(思考)의 자유'로부터 시작된다.

초기 발생부터 현대에 이르기까지 기하학의 자세한 내용을 모두 소개하지는 못했지만 세계사 속에서 기하학이 어떻게 변해왔는지를 이해하기 쉽도록 설명하려고 노력하였다. 독자들은 이 책을 통하여 유클리드 기하학이 유클리드를 벗어나는 과정을 이해함으로써 수학을 바라보는 눈과 생각의 날개가 점점 커짐을 느끼게 될 것이다.

기하학의 시작

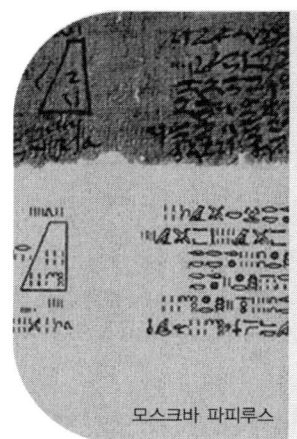

- 기원전 3000년경 ~ 기원전 1800년경

  나일강의 선물
  모스크바 파피루스
  린드 파피루스(아메스 파피루스): 85개의 수학문제 수록
  이집트 수학자 = 밧줄 측량사
  세금 거두기 위한 농지 측량
  정사각형을 두 개의 삼각형으로 넓이 구하기
  땅(geo) + 측량(metry) = 기하학(geometry)

모스크바 파피루스

인간은 언제부터 지구에 살기 시작했을까? 과학자들에 따르면 우주의 나이는 약 135억~145억 년, 지구의 나이는 약 45억 년, 그리고 인간이 최초로 지구에서 사회를 이루어 살기 시작한 것은 약 2만 년 전이라고 한다. 그리고 최초로 많은 사람들이 모여 살기 위해 필요한 여러 가지 제도를 갖추기 시작한 곳이 유프라테스와 티그리스 강, 나일 강, 인더스 강, 그리고 황하 주변이었다. 학자들은 이 네 곳을 가리켜 '고대 4대 문명의 발상지'라고 하며, 약 5000년 전으로 거슬러 올라간다. 물론 메소아메리카 문명(오늘날의 멕시코와 중앙아메리카 북서부 지역)과 같이 강 주변에서 탄생하지 않은 문명도 있다.

네 지역의 문명 중에서 기하학과 관련하여 특히 주목할 곳은 바로 이집트의 나일 강이다. 기원전 3000년경부터 번성하기 시작했던 이집트 문명은 전제왕국이 형성된 이후 30개 왕조가 흥망성쇠를 거듭했다. 이집트 문명은 생활에 필요한 물 전부를 나일 강에 의존했기 때문에 기원전 5세기에 그리스의 역사가 헤로도토스(Herodotus)는 이집트를 '나일 강의 선물'이라고 했다. 헤로도토스가 이와 같이 말한 이유는 매년 6월 중순부터 10월 하순까지 상류 에티오피아 고원에 정기적으로 내리는 비로 인하여 나일 강 하류에는 약한 홍수가 발생했기 때문이다. 홍수로 인해 강의 상류에서 운반되어 온 흙이야말로 이집트 사람들의 행복의 근원이었는데, 홍수는 나일 강 하류 삼각주를 매우 비옥한 농토로 만들어 이집트인들은 매년 풍년을 맞이했던 것이다.

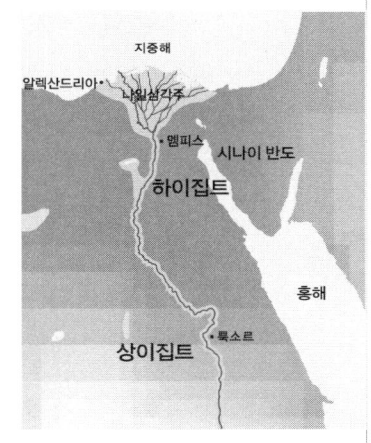

나일강 유역

이집트 문명에 대한 지식의 대부분은 당시의 기록인 파피루스로부터 얻은 것이다. 이집트의 나일 강 주변에는 갈대의 한 종류인 파피루스가 많이 자랐다. 이집트인들은 파피루스 줄기를 넓게 핀 후 그물 모양으로 서로 엇갈리게 배열하고 무거운 물건으로 눌러서 오늘날의 종이와 같은 것을 만들었다. 이집트인들은 파피루스에 당시 생활상을 엿볼 수 있는 여러 가지 것들을 기록했다. 이집트는 사막 지역이므로 기후가 매우 건조해서 파피루스는 썩지 않고 오늘날까지 많은 양이 전해지고 있다. 그래서 우리는 기하학이 어떻게 시작되었는지 파피루스로부터 알 수 있게 되었다.

수학과 관련이 깊은 두 개의 파피루스 가운데 하나는 기원전 1850년경에 작성된 '모스크바 파피루스'이다. 모스크바 파피루스의 본래 크기는 가로가 약 8cm, 세로가 약 46cm 정도이며, 1893년 러시아인인 골레니셰프(V.S. Golenishchev)가 이집트에서 구입하여 모스크바로 가져갔다. 그 후 1930년에 편집자의 주석을 달아 인쇄되었으며, 모두 25개의 문제가 수록되어 있다.

또 다른 파피루스는 기원전 1650년경에 이집트의 필경사 아메스가 그 이전의 작품을 신성문자로 베껴 쓴 '린드 파피루스'이다. 린드(A. Henry Rhind)는 이 파피루스를 처음 구입한 스코틀랜드의 이집트학 학자로, 그는 이것을 1858년 이집트의 룩소르에서 구했다. 그리고 1865년에 이것을 대영박물관에 팔았기 때문에 지금은 박물관에서 볼 수 있다. 모두 85개의 문제가 수록된 린드 파피루스는 가로가 약 33cm, 세로가 약 564cm 정도이다.

역사가 헤로도토스는 매년 나일 강이 범람함에 따라 땅의 경계를 다시 정하기 위한 측량이 필요하였기 때문에 기하가 만들어졌다고 했다. 실제로 데모크리토스는 이집트의 수학자들을 '밧줄 측량사(rope-stretcher)'라고 불렀다.

고대 이집트 사람들에게 수학은 성직자와 같은 특별한 신분을 가진 사람들만이 다룰 수 있는 학문이었다. 농부들은 신의 뜻을 전하는 성직자들을 신과 거의 동일시했기 때문에 그들을 잘 섬기려고 했다. 매년 추수 때가 되면 성직자들은 농부들에게 그들을 위해 기도하고 제사를 지낸 대가로 세금을 거두어들였다.

성직자들은 일정하게 세금을 거두기 위하여 곡식이나 와인 또는 기름과 같이 일정한 부피나 무게가 나가는 물건들을 측량하기 위해 표준이 되는 항아리를 가지고 있었다. 세금은 농장의 크기에 따라 정해졌기 때문에 적절한 세금을 거두기 위해 성직자들은 그 농장의 넓이를 계산해야 했다.

이집트의 농장은 거대한 나일 강줄기를 따라서 분포되어 있었는데, 이곳은 비옥한 땅이었고 나머지는 사막이었다. 매년 여름이면 홍수가 나서 강물은 둑을 넘었고 농사를 짓던 비옥했던 땅들이 모두 잠기게 되었다. 이때 홍수가 강의 상류로부터 가지고 온 흙이 강 주위의 땅을 모두 덮었기 때문에 땅을 소유하고 있던 농부들은 자신의 땅이 대충 어느 부분에 있었는지는 알 수 있었지

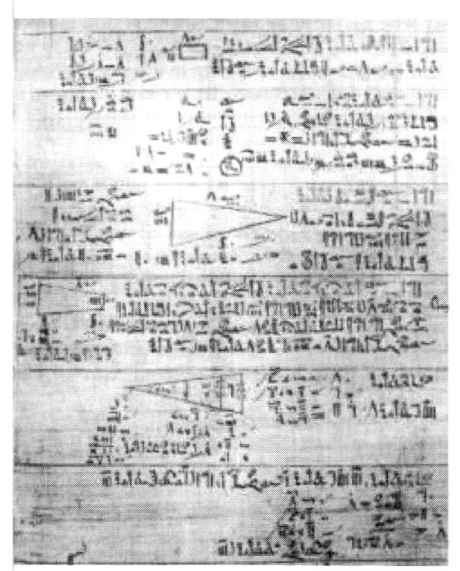

'아메스 파피루스'라고 부르기도 하는 린드 파피루스는 현재 대영박물관에 소장되어 있다.

만 정확하게 어디서부터 어디까지였는지 분간할 수 없었다. 그러나 매년 벌어지는 이런 홍수는 농부들에게 번거롭지만 아주 고마운 것이었다. 홍수가 난 후에는 땅이 기름져서 농사가 더 잘되었기 때문이다. 하지만 땅의 경계를 정확히 알 수 없었기 때문에 성직자들은 매년 땅을 다시 측량하여 주인에게 그들의 땅이 어디까지인지 알려주어야 했다.

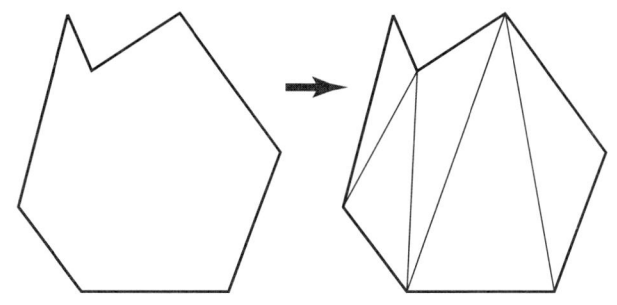

다각형으로 이루어진 모든 영역은 삼각형으로 나눌 수 있기 때문에 삼각형의 넓이를 사용하여 주어진 영역의 넓이를 구할 수 있다.

그러나 모든 땅이 정사각형이나 직사각형 모양은 아니다. 성직자들로부터 권한을 부여받은 세금징수원들은 농토의 모양이 직사각형이 아닌 사각형이거나 경계가 울퉁불퉁한 경우 넓이를 쉽게 구할 수 없었다. 왜냐하면 그들이 알고 있던 방법은 구하고자 하는 영역을 정사각형 모양의 작은 타일로 나눌 수 있어야 했는데, 그렇게 나눌 수 없는 경우가 더 많았기 때문이다. 하지만 많은 경우에 그런 땅은 삼각형으로 나눌 수 있었다. 실제로 모든 다각형은 삼각형으로 나눌 수 있다. 그래서 그들은 만일 삼각형의 넓이를 구할 수 있다면 어떤 땅의 넓이도 쉽게 측량할 수 있다고 생각했다.

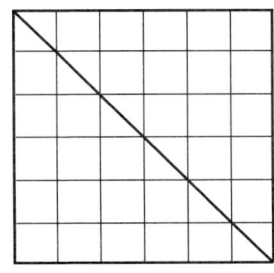 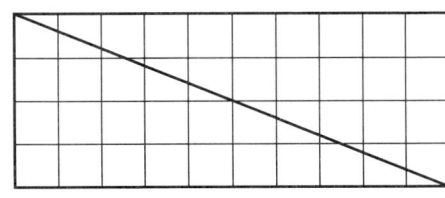

한 변의 길이가 6인 정사각형을 반으로 나누면 밑변과 높이가 각각 6이고 넓이가 18인 삼각형 2개가 되고, 가로의 길이가 10, 세로의 길이가 4인 직사각형을 반으로 나누면 밑변이 20, 높이가 4이고 넓이가 20인 삼각형 2개가 된다.

그들은 삼각형의 넓이는 정사각형이나 직사각형의 넓이를 반으로 나누어 구할 수 있다는 것을 알았다. 직사각형이나 정사각형 모양의 천은 대각선으로 자르면 정확하게 넓이가 같은 두 개의 삼각형으로 나눌 수 있다. 이와 같은 간단한 실마리로부터 삼각형의 넓이는 밑변의 길이에 높이를 곱하여 2로 나누면 된다는 것을 알았다.

밧줄 측량사들은 삼각형의 넓이를 이용하여 대부분의 땅의 넓이를 알 수 있었다. 고대 이집트 사람들의 주된 측량 방법은 주로 삼각형 분할 방법이었기 때문에 밧줄 측량사들은 삼각형의 성질을 잘 알아야 했다.

오늘날 우리는 삼각형을 활용한 땅의 측량으로부터 유래된 수학의 한 분야를 '땅(geo)'과 '측량(metry)'의 두 가지 그리스어가 합쳐진 기하학(geometry)이라고 한다. 그리고 이집트인들이 기하학을 잘 알고 활용했다는 증거가 바로 피라미드이다. 다음 장에서 이집트인들이 피라미드를 건설하기 위하여 기하학을 어떻게 활용했는지 알아보자.

고대 기하학의 결정체

● **기원전 1800년경~기원전 600년경**

이집트의 신권 정치
기자의 대 피라미드
피라미드는 이집트 건축 기술의 결정체
실용적인 측량 기술 발달
정확한 직각과 정밀하게 정사각형 만들기
눈금 없는 자와 컴퍼스만으로 직각 그리기

기자의 대 피라미드

기원전 4000년경 이집트는 나일 강 상류의 상 이집트와 중류의 하 이집트로 나뉘어 있었으며, 하 이집트에는 20개, 상 이집트에는 22개의 도시국가라고 할 수 있는 공동체가 존재했다. 이 지역은 기원전 3000년경에 메네스(Menes) 왕에 의하여 통일이 되었으며, 왕을 '큰 집에 사는 사람'이라는 뜻의 파라오라고 불렀다. 그 이후 약 2900년 동안 파라오의 권력은 신으로부터 부여받은 것이라는 신권 정치가 계속되었다.

최고 지배자였던 파라오는 신과 똑같은 존재였기 때문에 성직자들은 파라오를 위하여 죽은 후에 영혼이 살 집인 피라미드를 세워야 한다고 생각했다. 그들의 이런 생각은 당시 이집트 사람들도 자연스럽게 받아들였기 때문에 일반인들은 피라미드 건설에 자발적으로 참여했다. 그리고 광활한 사막에 거대한 사각뿔의 돌무덤을 세우는 일은 대단히 정교한 작업이었기 때문에 높은 수준의 수학지식이 필요했다.

기원전 약 2500년경 이집트 카이로의 나일 강 서안에 위치한 도시인 알 지자(Al-Jizah, 기자 또는 기제라고도 함) 근처에 있는 쿠푸 왕의 피라미드는 2.5톤에서 10톤 가량의 화강암 약 230여 만 개를 쌓아 올린 거대한 건축물이다. 기자에 있는 세 개의 피라미드 가운데 가장 큰 쿠푸 왕의 피라미드는 밑변 평균길이가 230.4m, 높이가 147m에 달하는 거대한 건축물로 대 피라미드라고도 한다.

오늘날 피라미드에 관해 남아 있는 가장 오래된 기록은 헤로도토스의 《역사》에서 찾을 수 있다. 이 책에 따르면 10만 명이 3개월씩 교대로 20년 동안 일하여 대 피라미드를 완성했다고 한다. 피라미드라는 이름은 그리스어의 피라미스(pyramis, 세모꼴의 빵)에서 유래했고, 외부를 장식하는 돌과 돌 사이의 빈틈은 기껏해야 0.5mm 정도일 만큼 고도의 기술로 만들어졌다.

대 피라미드가 건설된 곳은 이집트인들에게 의미 있는 장소였다. 대 피라미드를 원의 중심에 놓고 나일 강의 삼각주 끝부분을 반지름으로 하는 원호를 그리면 나일 강 삼각주의 두 끝인 사이드 항구와 알렉산드리아가 정확하게 연결된다. 즉, 나일 강에서 바라본 대 피라미드는 부채꼴 모양의 삼각주의 중심에 위치해 있다. 이것은 고대 이집트 건축가들이 대 피라미드를 자신들이 생각하는 세계의 중심에 건설하겠다는 의지의 표현이다. 그런데 피라미드를 세운 구체적인 방법은 지금까지도 정확하게 확인되지 않았지만 건물을 짓는 방법으로 추측할 수 있다.

이집트의 건축가들은 엄청난 크기의 피라미드를 똑바로 세우기

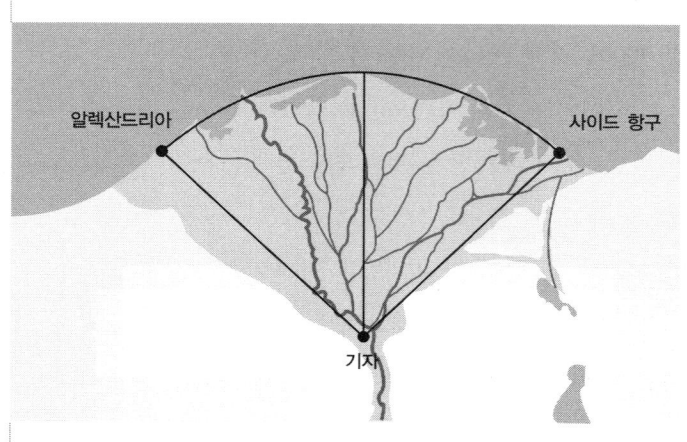

알 지자(기자)

위해서 피라미드의 설계도를 그렸을 뿐만 아니라, 채석장에서 운반되어 온 돌 덩어리의 가장자리를 어떻게 해야 정확히 땅과 수직이 되게 세울 수 있는지도 알고 있었다. 피라미드의 설계도는 오늘날과 같은 정밀한 것이라기보다는 완성된 건물의 모습을 간단하게 그렸을 것으로 추측하고 있다. 피라미드를 건설하는 사람들은 설계도와 같은 실제 크기의 건축물을 세우기 위하여 설계도에 있는 내용을 피라미드가 세워질 땅 위에 정확하게 표시하는 방법과 세우는 방법 모두를 알고 있어야 했다. 그래서 피라미드 건축가들은 오늘날 우리가 기하학이라고 부르는 실용적인 측량기술을 활용할 수밖에 없었다.

피라미드 건설에서 가장 어려운 문제는 피라미드의 밑면을 정확하게 정사각형으로 만드는 일이다. 바닥에 그려진 사각형이 정사각형이 되지 않고 어느 한쪽 변의 길이가 다른 한쪽보다 길거나 네 귀퉁이의 각 가운데 어느 한 각이 직각을 이루지 않는다면, 피라미드를 완성했을 때 꼭대기가 정확하게 들어맞지 않게 된다. 이와 같은 오차가 피라미드의 밑에 있는 층에서 발생하면 돌을 위로 쌓을수록 그 오차는 점점 더 커지게 된다. 따라서 피라미드 건축가들은 매우 정밀한 측량을 하고 정확하게 직각을 그려야 했는데, 직각을 그리기 위해 그들이 사용한 방법은 바로 작도였을 것으로 추정된다.

작도는 눈금 없는 자와 컴퍼스만을 사용하여 정해진 도형을 그리는 것이다. 눈금 없는 자를 사용한 이유는 아무리 정확한 눈금이 있는 자라고 하더라도 오차가 있기 때문이다. 눈금 없는 자는 두 점을 연결하는 선분을 그리거나 선분을 연장하는 데 사용하고, 컴퍼스는 원을 그리거나 주어진 선분의 길이를 옮기는 데 사용한다.

피라미드 건축가가 사용한 컴퍼스는 말뚝과 긴 밧줄이었을 것이다. 그들이 사용했던 말뚝과 밧줄로 다음 그림의 선분 AB를 B쪽으로 연장하여 그 길이가 선분 AB의 2배가 되는 선분 BC를 작도해 보자.

1. 먼저 밧줄을 팽팽하게 잡아 선분 AB를 점 B의 방향으로 연장한 후 밧줄을 따라 눈금 없는 자로 직선을 긋는다. 그리고 말뚝을 점 A에 박고 밧줄을 묶어 점 B까지 늘인 후 점 A에서 점 B까지의 길이를 밧줄에 표시한다.

2. 점 A에 박았던 말뚝을 빼서 점 B에 박은 후 선분 AB의 길이만큼 밧줄을 펴 선분 AB의 연장선과 만나는 점을 D라고 하자.

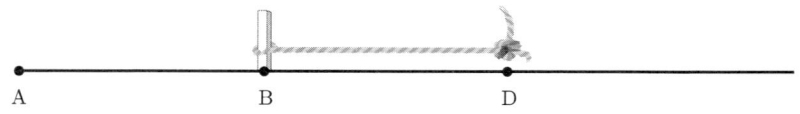

3. 다시 점 D를 중심으로 선분 AB의 길이만큼 밧줄을 펴 선분 AB의 연장선과 만나는 점을 C라고 하자. 이때 선분 BC가 선분 AB의 길이의 2배가 되는 선분이다.

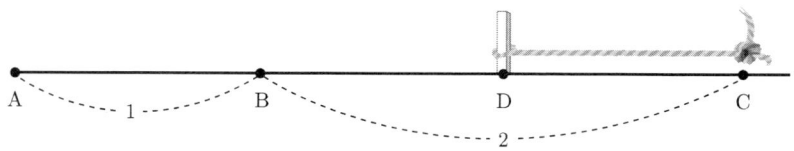

고대 이집트인은 이런 방법으로 피라미드 밑면의 거대한 정사각형의 각 변

의 길이를 땅 위에 정확하게 표시할 수 있었다.

이제 정사각형의 각 꼭짓점에서 두 변을 서로 수직이 되게 그리는 방법을 살펴보자. 먼저 피라미드를 건설하려고 하는 땅 위에 앞에서와 같은 방법으로 정사각형의 한 변 AB를 작도한다. 이때 정사각형의 한 변의 길이를 편의상 4로 한다. 그리고 정사각형의 한 꼭짓점이 될 점 B에서 선분 AB와 수직인 정사각형의 다른 한 변을 작도하자. 다음 그림과 같이 선분 AB를 점 B쪽으로 1만큼 연장한 점을 C라고 하고, 점 B로부터 1만큼 왼쪽에 있는 점을 D라고 하자.

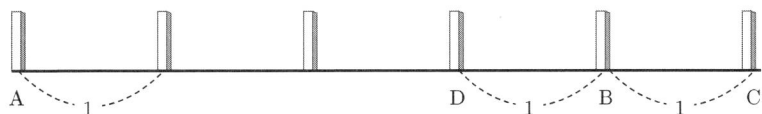

1. 점 D에 말뚝을 고정하고 길이가 1보다 긴 밧줄로 그림과 같이 원호를 그린다.(그림 1)
2. 이번에는 점 C에 말뚝을 고정하고 밧줄을 늘여 그림 1에서 그린 원호와 반지름의 길이가 같은 원호를 그린다. 이때 두 원호가 만나는 점을 각각 E, F라고 하자.(그림 2)
3. 점 E, F를 이은 직선 EF가 선분 AB의 수직선이다.(그림 3)
4. 이제 점 B에서 직선 EF에 길이가 1인 말뚝을 점 E쪽으로 박으면 변 AB와 점 B에서 수직인 정사각형의 다른 한 변을 작도할 수 있다.(그림 4)

이렇게 해서 피라미드를 세울 땅에 정확하게 정사각형을 그렸고, 그 위에 차곡차곡 돌 블록을 쌓아 올릴 수 있었던 것이다.

어쨌든 기하학을 활용하여 건설한 대 피라미드는 피라미드의 동쪽 밑변의 길이가 230.391m, 서쪽 밑변의 길이가 230.357m, 남쪽 밑변의 길이가

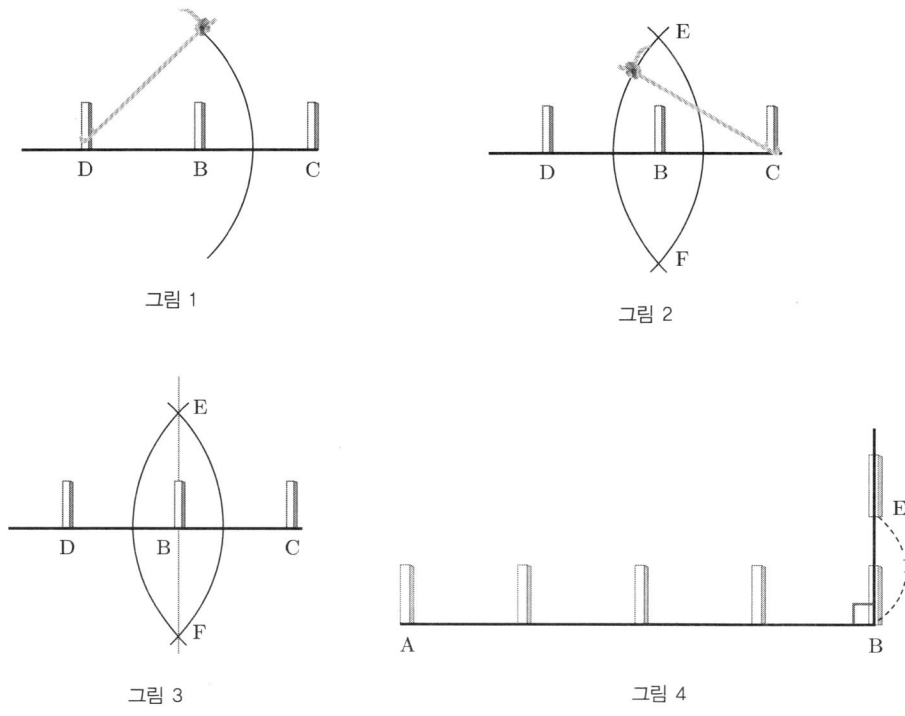

그림 1   그림 2

그림 3   그림 4

230.454m, 북쪽 밑변의 길이가 230.253m이다. 당시에는 오늘날과 같은 정밀한 측량기가 없었음에도 불구하고 피라미드의 네 변의 길이를 거의 일치시켰다는 것은 매우 놀라운 일이다. 또한 피라미드의 밑면을 이루는 사각형은 거의 무시해도 좋을 정도의 오차로 네 각이 모두 90°이다.

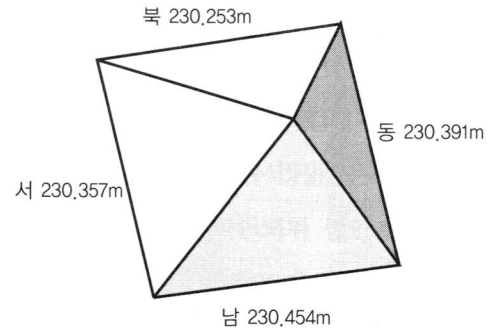

고대 이집트인들이 기하학을 알지 못했다면 이렇게 정밀한 피라미드를 건설하지 못했

을 것이다. 이집트인들의 놀라운 수학 실력은 세계의 역사를 바꾸는 중요한 도구가 되었고, 덕분에 우리는 오늘날 거대한 피라미드를 볼 수 있다. 사실 당시 이집트의 수학은 고대 그리스 지역으로 전파되었지만 엄격한 증명은 없었다. 그리스로 전파된 기하학은 점점 엄격한 증명을 요구하게 되었는데, 그 시작은 다음 장에서 알아볼 그리스의 수학자 탈레스부터였다.

논증 수학의 시작

- 기원전 600년경~기원전 500년경

이집트 문명 쇠퇴, 그리스 문명 발달
기하학적 고찰 시도
'어떻게'와 함께 '왜'에 대해서 의문을 가지다
학문의 아버지 탈레스
닮은 삼각형을 이용해 피라미드의 높이를 구하다
기하학적 사실을 논리적으로 증명: 그리스의 신비
논증 수학: 다툴 여지가 없이 명백한 결론

탈레스

기원전 2000년경의 거의 마지막 시기에 많은 경제적, 정치적 변화가 일어났다. 이집트와 바빌로니아는 세력이 약화되었고, 페니키아와 그리스 등의 새로운 민족 국가들이 두각을 나타내기 시작했다. 철기가 도입되면서 전쟁무기와 농기구가 변했으며, 알파벳이 발명되었고, 화폐가 만들어지고, 무역이 점차 활발해지고, 지리상의 발견이 이루어지며 마침내 세계는 새로운 형태의 문명의 출현을 준비하고 있었다. 새로운 문명은 그리스 본토, 시칠리아 섬, 이탈리아 연안, 그리고 소아시아에 자리잡은 무역 도시들로부터 출현하였다.

기하학도 이런 문명의 변화와 함께 발전하는데, 인류 최초의 기하학적 고찰은 인간의 무의식과 인간을 감동시킨 자연에서 시작되었다. 모든 사람들이 본능적으로 알고 있는 개념인 '직선은 두 점을 연결하는 최단 경로이다.'와 같은 최초의 무의식적인 기하학적 개념과 자연현상에 나타나는 것, 즉 해와 보름달의 둥근 원, 무지개의 호, 통나무 단면의 나이테, 거미의 육각형 집 등이 그 예들이다. 이런 단계의 기하학을 '잠재적 기하학(subconscious geometry)'이라고 한다. 이러한 초기 수학은 논증이 없는 단순한 과정의 수학이었고, 그로 인하여 오류도 대단히 많았다. 기하학은 첫 번째 단계인 잠재적 기하학에서 두 번째 단계인 '실험적 기하학(experimental geometry)'으로 발전하였는데, 실험적 기하학은 구체적인 기하학적 관계들의 모임에서 일반적이고 추상적인 관계를 추측했던 기하학이다. 기하학의 세 번째 단계는 '논증적 기하학(demonstrative geometry)'이다. 세 번째 단계인 논증적 기하학의 최초의 동기유발은 탈레스(Thales)에 의하여 이루어졌다.

고대 7현인 중 한 사람으로 일컬어지는 탈레스는 소아시아의 서부 해안 도시 밀레투스(Miletus)에서 살았다고 알려져 있다. 그가 살았던 시기를 기원전 640년에서 기원전 546년경일 것이라고 추정하지만 분명치는 않다. 일생에 대한 기록이 불분명한 탈레스는 '학문의 아버지'로도 불리는, 수학적으로 아주 중요한 인물이다. 앞에서 말했던 것과 같이 그로부터 수학에 소위 '왜'라고 하는 논증수학이 시작되었기 때문이다. 논증수학을 한마디로 표현하면 수학적으로 '다툴 여지가 없이 명백한 결론'만이 수학의 결론이라는 것이다. 수학에서 탈레스의 업적은 수학을 엄격한 학문으로 만든 것이다. 그가 엄격하게 증명했다는 정리는 다음과 같다.

1. 원은 임의의 지름으로 이등분된다.
2. 교차하는 두 직선에 의하여 이루어진 두 맞꼭지각은 서로 같다.
3. 이등변삼각형의 두 밑각은 같다.
4. 반원에 내접하는 각은 직각이다.
5. 두 삼각형에서 대응하는 한 변의 길이와 양 끝 각이 서로 같으면 두 삼각형은 합동이다.

사실 위의 다섯 가지 결과는 탈레스 시대보다 훨씬 이전부터 알려져 있던 것들이다. 그리고 이 사실들은 모두 실험에 의하여 쉽게 알아낼 수 있는 것이다. 따라서 이 결과의 가치를 내용으로 평가하기보다는 탈레스가 이것을 직관이나 실험 대신에 엄격한 논리적 추론으로 입증했다는 사실에 두어야 할 것이다. 여기서 우리는 두 번째 결과인 '교차하는 두 직선에 의하여 이루어진 두 맞꼭지각은 서로 같다.'를 탈레스 이전의 실험적 기하학과 탈레스 이후의 논증적 기하학의 두 가지로 각각 증명해 보겠다.

먼저 실험적 기하학에서 교차하는 두 직선을 그린 후 두 맞꼭지각을 표시한다. 그리고 가위로 두 직선을 따라 오려서 그림을 네 조각으로 만든다. 네 조각 중에서 두 조각의 표시된 맞꼭지각을 서로 겹쳐보면 완전히 포개어지는 것을 확인할 수 있다. 즉 이 경우 두 직선의 맞꼭지각이 같다는 것을 확인할 수 있다. 그러나 이 실험으로 얻은 결과는 임의의 모든 각에 대하여 성립한다고 장담할 수 없기 때문에 두 직선이 이 실험에서와는 다른 각도로 만난다면 그때마다 일일이 위와 같은 작업을 반복하여 확인해야 한다.

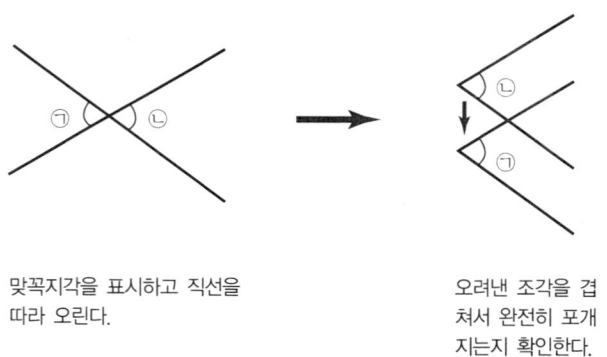

맞꼭지각을 표시하고 직선을 따라 오린다.

오려낸 조각을 겹쳐서 완전히 포개지는지 확인한다.

논증적 기하학에서는 다음과 같이 증명한다.

위의 그림과 같이 일반적으로 두 직선이 만날 때 세 각을 각각 ㉠, ㉡, ㉢이라고 하면 직선이 만드는 각은 180°이므로 ㉠+㉢=180°이고, ㉡+㉢=180°이다. 따라서 ㉠+㉢=㉡+㉢이다. 양변에서 똑같이 ㉢을 빼면

$$(㉠+㉢)-㉢=(㉡+㉢)-㉢ \Leftrightarrow ㉠=㉡$$

따라서 맞꼭지각은 같음을 알 수 있다.

그렇다면 왜 그리스 사람들은 기하학적 사실을 논리적으로 증명하려고 했을까? 우리는 그 이유를 종종 '그리스의 신비(Greek mystery)'라고 한다. 많은 학자들이 그리스의 신비를 설명하려고 시도했지만 현재까지도 완벽한 설명을 주지는 못한다. 하지만 다음과 같은 몇 가지 이유에는 공감하고 있다.

첫 번째 이유는 철학적 탐구에 대한 그리스 사람들 특유한 지적 경향이다. 그리스 사람들은 연역법으로 여러 가지 현상을 설명하기를 즐겼는데, 기하학에도 이와 같은 방법이 자연스럽게 도입되었다는 것이다.

두 번째 이유는 그들의 미술, 조각, 건축 등에서 나타나는 것과 같이, 아름다움에 대한 그리스적인 애착이다. 그리스 사람들은 유독 여러 분야에서 아름다움을 추구했는데, 그것이 지적인 영역까지 확대되었다는 것이다.

세 번째 이유는 노예를 기초로 했던 고대 그리스 사회의 특성 때문이다. 노예는 상업, 제조업, 노동 등 그리스 세계의 거의 모든 생산 활동을 담당했다. 그

로 인하여 시간이 많이 남게 된 특권계급은 연역과 추상화를 선호하게 되었고, 실험과 실용적인 응용을 멀리했다는 것이다.

마지막으로 그 당시에 나타난 경제적, 정치적인 변화이다. 앞에서 말한 것과 같이 당시 철기 시대가 시작되었으며, 알파벳이 발명되었고, 동전이 도입되었고, 지리적으로 새로운 땅이 많이 발견되었다. 이런 변화에 따라 그리스 본토는 물론 지중해의 아시아 연안과 시칠리아, 이탈리아의 해변에서 성장한 상업도시들에 거주하고 있던 사람들 사이에서 새로운 문명이 출현하게 되었다. 이런 상업도시들은 주로 그리스 사람들의 정착지였으며, 합리주의가 점점 증가하는 분위기에서 사람들은 '어떻게'와 함께 '왜'에 대하여 묻기 시작했다. 그래서 논증적인 방법에 의한 시도들이 나타나기 시작했고, 그 결과 오늘날과 같은 수학적 방법이 나타나게 되었다는 것이다.

탈레스는 이와 같은 논증적 기하학을 활용하여 이집트에서 가장 높은 피라미드의 높이를 구했다고 전해지고 있다. 그리고 그가 어떻게 그림자를 이용하여 피라미드의 높이를 구했는지에 대한 두 가지 이야기가 있다.

첫 번째 이야기는 아리스토텔레스의 제자인 히에로니모스(Hieronymus)에 의한 것이다. 그의 이야기에 따르면 탈레스는 사람의 그림자가 그 사람의 키와 같아지는 시점에 피라미드의 그림자를 재어 그 피라미드의 높이를 결정했다고 한다. 두 번째 이야기는 플루타르코스(Plutarchos)에 의한 것이다. 그에 따르면 탈레스는 막대기를 세우고 닮음 삼각형을 이용해서 그 높이를 구했다고 한다. 그런데 두 이야기 모두 실제로 탈레스가 어떤 계산과정으로 높이를 구했는지는 알려주고 있지 않기 때문에 오늘날 이 부분을 '탈레스의 수수께끼'라고 한다. 하지만 우리는 삼각형의 닮음을 이용하여 탈레스가 했음직한 방법을 유추할 수 있다.

맑은 날, 태양이 피라미드를 비추면 땅에 그림자가 생긴다. 그때 짧은 막대 하나를 피라미드에서 조금 떨어진 땅에 세우고 막대기 그림자의 길이를 측정하여 피라미드의 높이를 구할 수 있다. 같은 시각에 햇빛이 같은 각도로 물체를 비추다는 것을 이용한 것이다.

예를 들어 길이가 1m인 막대의 그림자의 길이가 1.2m이고, 피라미드의 그림자의 길이가 176.4m라고 하면 두 그림자의 비는 176.4 : 1.2이다. 이 비는 실제 피라미드 높이와 막대의 길이 사이의 비와 같으며, 피라미드의 높이를 x라고 하면 다음과 같은 비례식이 성립한다.

(피라미드의 그림자의 길이) : (막대 그림자의 길이)
= (피라미드의 높이) : (막대의 길이)
$176.4 : 1.2 = x : 1$

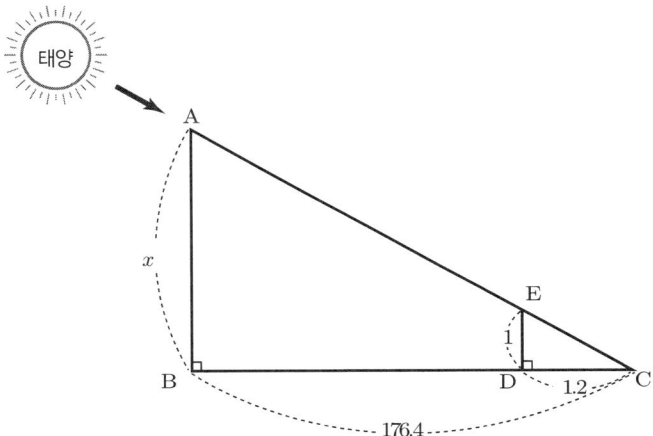

이 비례식에서 내항의 곱과 외항의 곱이 같으므로 $1.2x = 176.4$, 즉 $x = \dfrac{176.4}{1.2} = 147(\text{m})$이다. 탈레스는 '피라미드의 그림자의 길이는 똑바로 서 있는 막대 그림자의 길이에 비례한다.'는 법칙을 활용하여 피라미드의 높이를 구했다. 즉 삼각형 ABC와 삼각형 EDC는 닮은 삼각형이므로 두 삼각형의 변들 사이의 비는 일정한데, 이 사실을 이용하여 피라미드의 높이를 구한 것이다.

앞에서 알아본 것과 같이 탈레스부터 시작된 논증수학은 그의 제자로 알려져 있는 피타고라스에 의하여 확실히 자리매김하게 되었다. 그리고 우리가 알아볼 다음 이야기는 바로 피타고라스에 대한 것이다.

세상에서 가장 아름다운 정리

피타고라스

● 기원전 550년경~기원전 450년경

바빌로니아 폐망과 페르시아 제국 발달
기하학에는 왕도가 없다
피타고라스학파
고대 바빌로니아 점토판
가장 아름답고 완벽한 증명: $a^2+b^2=c^2$
《주비산경》 구고현의 정리, 진자의 정리
400여 개가 넘는 증명법

기하학에서 탈레스만큼 중요하고 신비로운 인물은 피타고라스(Pythagoras, 기원전 572년경~기원전 492년경)이다. 특히 그의 이름은 초등 기하학에서 가장 매력적인 정리인 '피타고라스 정리'로 유명하다. 피타고라스 정리는 수학에 있어서 최초의 '위대한 정리'라고 할 수 있다. 그러나 이 정리의 기원은 확실하지 않다.

피타고라스의 출생과 일생에는 많은 신화적인 이야기가 합쳐져 있어서 어느 것이 진실이고 어느 것이 허구인지 알기 쉽지 않다. 어쨌든 그는 탈레스의 고향인 밀레투스와 그렇게 멀지 않은 에게 해의 사모스 섬에서 태어났다. 탈레스보다 약 50세 가량 적고 그와 매우 가까이 살았기 때문에 탈레스가 피타고라스의 스승이었을 가능성이 매우 높다. 왜냐하면 피타고라스의 아버지인 니사르쿠스(Mnesarchus)는 당시 유명하고 훌륭한 학자들을 초청하여 자신의 아들에게 최상의 교육을 시켰기 때문이다.

피타고라스의 이름에도 전설이 있다.

피타고라스의 아버지인 니사르쿠스는 옛 페니키아(Phoenicia) 남부의 항구 도시인 티루스(Tyre) 출신인 페니키아인이다. 지중해에서 무역을 하던 부유한 상인인 니사르쿠스는 소아시아 서해안에 있는 사모스 섬 사람들이 기근으로 고생할 때 식량과 생필품을 나누어준 공으로 사모스의 시민권을 얻게 되었다. 그리고 그 섬의 처녀인 파르테니스(Parthenis)와 결혼을 하였다.

사모스에 정착한 후 니사르쿠스는 무역을 하기 위하여 이탈리아로 떠났는데, 항해 도중에 그는 델피(Delphi)에 있는 아폴론 신전에 들려서 이번 여행에 관한 신탁을 듣기로 했다. 신전의 여사제는 이번 여행이 성공적일뿐만 아니라, 여행에서 돌아가면 아내가 아들을 안겨줄 것이라는 신탁을 주었다. 더욱이 그의 아들은 이전의 누구보다도 현명할 것이며 사람들에게 상상할 수 없을 만큼 많은 혜택을 베풀 것이라고 했다.

그래서 그는 델피의 신탁을 추억하기 위해 부인의 이름인 파르테니스를 피타이스(Phythais)로 바꾸고, 그의 아들 역시 아폴론의 이름을 따서 짓겠다고 맹세했다. 이것은 피티안 아폴론(Pythian Apollo, 빛나는 아폴론)이 그에게 약속한 것을 찬양하기 위한 것이었다. 이렇게 해서 기원전 572년경에 태어난 니사르쿠스의 아들은 피타고라스(Pythagoras)라는 이름을 갖게 되었다.

어쨌든 피타고라스는 탈레스처럼 이집트로 유학을 갔다. 오랜 유학 끝에 피타고라스는 많은 것을 익히고 배워서 자신의 고향인 사모스 섬으로 돌아온다. 당시 사모스는 폴리크라테스(Polycrates)의 폭정에 시달리고 있었고, 소아시아 지역은 페르시아의 통치하에 있었다. 그래서 피타고라스는 이런 복잡한 정치적 상황에서 벗어나기 위해 고향을 떠나게 된다.

여기서 잠깐, 당시의 역사를 좀더 살펴보자.

메소포타미아 지방은 기원전 1530년경에 고대 바빌로니아 왕국이 망하게 되자 혼란한 시대를 맞이하게 된다. 이런 혼란한 시대는 아시리아인들의 기병과 전차를 이용한 정복전쟁으로 기원전 900년경에 막을 내린다. 그러나 가혹한 지배로 인하여 기원전 610년경에 기존의 왕국은 멸망하고 다시 4개의 나라로 분리된다. 결국 기원전 525년에 페르시아가 당시의 오리엔트를 다시 통일하게 된다. 이것이 바로 '아케메네스 페르시아 제국'이다. 페르시아 제국은 최대 판도였을 당시 3개 대륙에 걸친 대제국이었다. 동쪽으로는 아프가니스탄, 파키스탄의 일부에서부터 이란, 이라크 전체 흑해 연안의 대부분의 지역과 소아시아 전체, 서쪽으로는 발칸 반도의 트라키아, 현재의 팔레스타인 전역과 아라비아 반도, 이집트와 리비아에 이르는 광대한 지역이 페르시아 제국의 영토였다. 그리고 이때가 바로 피타고라스가 활동하던 시기이기도 하다.

페르시아 제국은 정복한 다른 민족에 대하여 풍습과 신앙의 자유를 인정했다. 그리고 수도를 정치 중심지인 수사, 겨울 궁전인 바빌론, 여름 궁전인 에크바타나의 3개의 도시로 정했다. 그리스의 역사가 헤로도토스는 수도인 수사와 소아시아의 사르데스를 잇는 약 2400km의 길에 관해 언급하면서 상인이 3개월 걸리는 길을 왕의 사자는 1주일 만에 주파했다고 적고 있다. 이것이 바로 '왕도'이다. 이 '왕도'는 나중에 유클리드와 이집트의 왕인 프톨레마이오스 사이에서 주고받

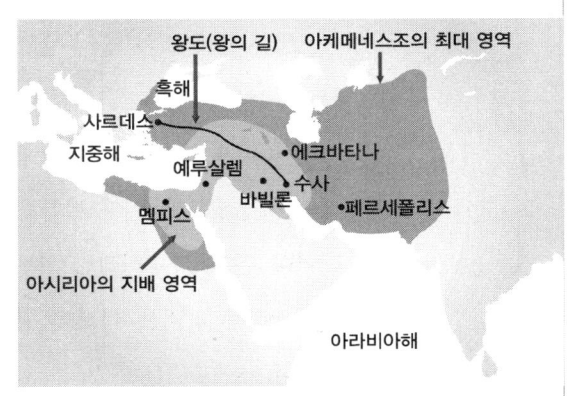

기원전 525년 오리엔트를 통일했던 아케메네스 페르시아 제국의 지도. 정치 중심지인 수사에서 사르데스까지 놓인 길이 바로 왕도이다.

은 유명한 격언인 '기하학에는 왕도가 없다.'에 등장한다.

이 격언은 유명한 고대 수학자인 유클리드와 관련이 있지만 워낙 오래된 말이라서, 출처를 정확하게 밝히는 것은 사실상 불가능하다. 그러나 대부분의 학자들은 유클리드가 당시 이집트의 프톨레마이오스 왕에게 이 말을 했다고 여기고 있다. 혹자는 이보다 약간 앞서 메나에크므스가 알렉산더 대왕에게 했다고 주장하기도 한다. 당시 프톨레마이오스는 알렉산드리아 대학교로 유클리드를 초빙하고 그에게서 기하학을 배우고 있었는데, 왕은 기하학이 너무 어려워 유클리드에게 물었다.

"기하학을 쉽게 배울 수 있는 방법이 없겠소?"

그러자 유클리드는 다음과 같이 대답했다.

"왕이시여, 길에는 왕께서 다니시도록 만들어 놓은 왕도가 있지만, 기하학에는 왕도가 없습니다."

페르시아 제국의 기초를 닦은 제3대 다리우스 1세(재위 기원전 522년~기원전 486년)는 전국토를 20개의 주로 나누어 중앙에서 페르시아인 총독(사트라프)을 파견했다. 그리고 흑해 북쪽에 거주하는 스키타이에 군대를 파견하면서 소아시아의 밀레투스와 사모스 등과 같은 그리스인 식민시에 공납을 명했다. 그러나 식민시는 이에 반발하여 기원전 500년에 반란을 일으켰다. 그래서 페르시아는 식민시를 뒤에서 돕고 있던 아테네와 스파르타 등의 도시국가에 보복하기 위해 모두 3번에 걸쳐 발칸 반도로 원정군을 파견하게 된다.

어쨌든 사모스와 밀레투스를 포함한 소아시아의 도시들은 불안한 정치 상황에 놓이게 되었다. 그래서 많은 학자들은 이런 혼란이 없는 도시로 하나둘 탈출하기 시작했는데, 이때 피타고라스는 이탈리아의 남부 도시인 크로톤으로 이주한 것이다. 그리고 피타고라스는 크로톤에 피타고라스학파의 기원이 되는 '케노비테스(Cenobites)'라는 학교를 세웠다. 케노비테스는 그리스어로 '공동체 생활'이란 뜻이다.

케노비테스를 연 피타고라스는 여성들은 공공장소의 모임에 나올 수 없다는 당시의 관습을 깨고 많은 여성들을 제자로 받아들였다. 그중에 뛰어난 미모의 테아노(Theano)라는 여인이 있었는데 그녀는 나중에 피타고라스의 부인이 된다. 그녀가 남편의 전기를 썼다고 알려졌지만 불행하게도 현존하지 않고 있다.

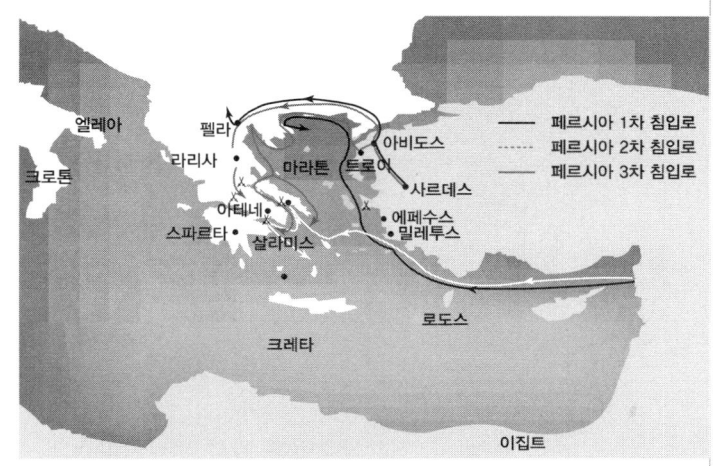

피타고라스에게 있어서 수학은 보이는 세계와 보이지 않는 세계를 잇는 다리였다. 그는 자연을 이해하고 다루기 위해서 뿐만 아니라 눈으로 보이는 물리적인 세계로부터 영구불변하게 존재하는 세계로 사람들의 마음을 돌리기 위해서도 수학을 이용했다. 그는 제자들에게 수학을 통하여 편안하고 깨끗한 마음을 가질 수 있게 했고, 궁극적으로 훈련을 통하여 진정한 행복을 경험할 수 있게 했다.

그래서 고대 그리스 사람들은 수를 통한 영혼의 정화를 주장한 피타고라스의 가르침을 실천하는 그의 제자들을 '모든 것을 연구하는 사람들'이라는 뜻으로 '마테마테코이(mathemathekoi)'라고도 불렀다. '마테마(mathema)'는 '일반적인 배움'을 뜻하며, '깨닫다'라는 뜻의 고대 영어 mathein과 '깨우치다'라는 뜻의 고대 독일어 munthen의 어원이 되었다. 오늘날 수학(mathematics)이라는 단어는 세속적인 측량과 양들을 다루는 분야를 가리키는 제한적인 의미로 사용되고 있는데, 이것은 우리가 의식하지 못하는 사이에 광범위한 통찰력이 폭 좁은 전문지식으로 바뀌게 된 것이다.

피타고라스라고 하면 무엇보다도 피타고라스 정리를 빼놓을 수 없다.

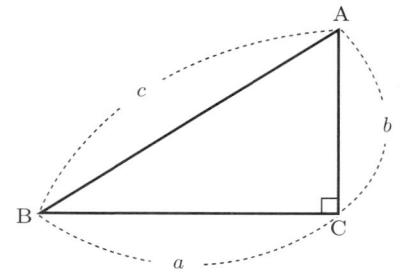

직각삼각형에 관한 피타고라스 정리는 초등기하학에서 가장 아름다운 정리임과 동시에 가장 유용한 정리이기도 하다. 위의 그림에서 피타고라스 정리는 $a^2 + b^2 = c^2$인데, 이것에 대한 확실한 논리적인 증명을 처음으로 제시한 사람이 피타고라스라고 알려져 있다. 그런데 피타고라스보다 약 1200년 전에 살았던 고대인들이 이 정리의 내용을 알고 있었다는 확실한 증거가 있다.

위의 왼쪽 그림은 고대 바빌로니아 점토판 YBC7289이고, 오른쪽은 왼쪽 그림을 알아볼 수 있도록 손으로 그린 것이다. 메소포타미아에서 발굴된 쐐기문자로 작성된 점토판인 YBC7289에 대한 연구로부터 바빌로니아인들은 이미 이 정리를

알고 있었음을 알 수 있다. 이 점토판의 품목번호 YBC7289(Yale Babylonian Collection)는 예일 대학교 박물관의 바빌로니아 소장품이라는 뜻이다.

고대 바빌로니아인들은 60진법을 사용했기 때문에 위의 점토판을 이해하기 위해서는 거기에 있는 쐐기문자들을 우리가 사용하고 있는 인도-아라비아 숫자로 나타내는 것이 필요하다.

다음 그림은 YBC7289에 있는 쐐기문자를 인도-아라비아 숫자로 바꾸어 표현한 것으로, 다음과 같은 세 수를 볼 수 있다.

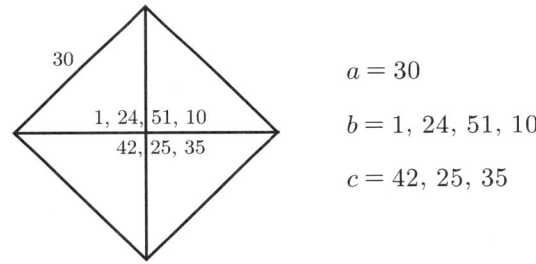

$a = 30$
$b = 1, 24, 51, 10$
$c = 42, 25, 35$

이제 이 점토판에 있는 숫자들을 해석해 보자.

만약 a가 그림에서 주어진 것처럼 정사각형의 한 변을 의미하고 c는 대각선을 의미한다면, 피타고라스 정리에 의하여 $c^2 = 2a^2$, 즉 $c = a\sqrt{2}$이다. 그런데 $b = 1, 24, 51, 10$에 적당히 소수점을 찍어 60진법으로 계산하면 다음과 같다.

$$1;24,51,10 = 1 + \frac{24}{60} + \frac{51}{60^2} + \frac{10}{60^3}$$

$$≒ 1 + 0.4 + 0.01417 + 0.0000463$$

$$= 1.4142163$$

그리고 이 값은 $\sqrt{2}$의 근삿값이다. 마찬가지로 $c = 42;25,35$를 60진법으로 계산하면 다음과 같다.

$$c = 42;25,35$$
$$= 42 + \frac{25}{60} + \frac{35}{60^2}$$
$$\approx 30 \times \sqrt{2}$$

따라서 이 점토판에서 알 수 있는 것은 한 변의 길이가 $a=30$ 인 정사각형의 대각선의 길이는 $c = 42;25,35 \approx 30\sqrt{2}$ 라는 것이다. 이것은 정사각형 하나와 숫자 3개가 있을 뿐인 이 단순한 점토판이 고대 바빌로니아에서 정사각형의 대각선의 길이는 정사각형의 한 변의 길이에 $\sqrt{2}$ 를 곱한 것과 같음을 알고 있었다는 증거이다. 즉, 피타고라스 정리를 알고 있었다는 증거이다. 그리고 또 다른 점토판과 고대의 자료들로부터 바빌로니아인들이 사실상 이 정리를 일반적으로 널리 사용했음을 알 수 있다.

하지만 바빌로니아인들이 $\sqrt{2}$ 의 근삿값을 알았다 하더라도, 불행하게 이 정리에 관한 증명은 어디에서도 찾아볼 수 없다. 고대 서양과 마찬가지로 동양의 수학에서도 증명을 거의 찾아볼 수가 없는데, 피타고라스 정리의 경우도 마찬가지였다.

고대 인도와 중국의 문헌에도 피타고라스 정리가 소개되어 있지만, 이것을 이용했다는 내용은 찾을 수 있다. 특히 중국의 수학책인 《주비산경》에서는 이 정리가 '구고현의 정리'라는 이름으로 소개되고 있는데, 이 책에 수록된 구고현의 정리는 어떤 수식이나 기하학적 도해 없이 단 한 장의 그림으로 정리의 내용과 증명을 동시에 나타냈다. 그래서 다음 그림과 같은 구고현의 정리는 카타스트로피 이론의 창시자인 영국의 수학자 지만(Zeemann)에 의하여 '세상에서 가장 아름답고 완벽한 증명법'이라는 별칭을 얻게 되었다.

우리나라에서 《주비산경》은 신라시대부터 천문학의 기본교재로 사용되던 책이었다. 이 책의 제1편에 '구를 3, 고를 4라고 할 때 현은 5가 된다.'는 글과 함께 아래 그림이 주어져 있다. 동양에서 구고현의 정리는 토지를 측량하거나 다리를 놓는 공사 등 대부분의 건축물에 사용되었다. 중국에서는 구고현의 정리가 3000여 년 전에 '진자'라는 사람이 발견했다고 하여 '진자의 정리'라고도 부르는데, 이는 피타고라스가 이 정리를 증명한 것보다 약 500년 이상 앞선 것이다. 하지만 동양은 논리를 좋아하지 않고 직관적으로 사실을 통찰하려고 했기 때문에 이와 같은 그림 한 장이면 충분했던 것이다.

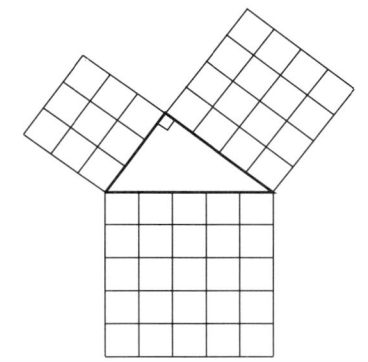

전해 내려오는 이야기에 따르면 피타고라스는 당시 사원의 바닥에 깔려 있는 타일을 보고 이 정리와 증명법을 생각해 냈다고 한다. 이 이야기에 대한 확실한 증거는 없지만, 다음과 같지 않았을까 추측해 본다.

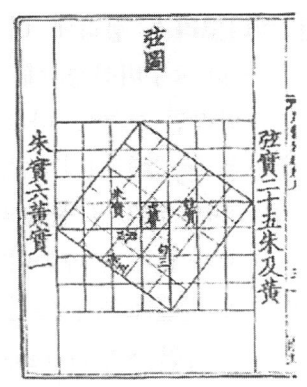

《주비산경》 중 피타고라스 정리에 관한 도해

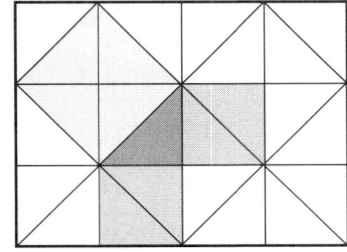

위의 그림은 당시 피타고라스가 힌트를 얻었다는 사원바닥의 타일 중 일부분이다. 그림에서 짙은 회색으로 되어 있는 직각삼각형의 빗변에 붙어 있는 정사각형에는 직각삼각형 타일 4개가 들어 있고, 직각삼각형의 다른 두 변에 붙어 있는 정사각형에는 각각 2개씩의 직각삼각형 타일이 들어 있다. 따라서 2 + 2 = 4이고, 피타고라스는 이런 사실을 일반적인 직각삼각형의 경우로 확장했다.

고대 작가인 플루타르코스에 의하면 이 정리를 발견한 피타고라스는 매우 기뻐했고, 이 영광을 신에게 돌리기 위하여 소 100마리를 잡아 제물로 바쳤다고 한다. 논리학자인 아폴로도로스(Apollodoros)도 같은 주장을 하며, 다음과 같은 시를 남겼다.

사모스의 위대한 현인이 그의 고귀한 문제를 발견했을 때
100마리 황소들의 생혈이 땅을 적시었네.

그러나 당시 피타고라스는 영혼의 불멸과 윤회를 주장하고 있었으며 살육을 금지했기 때문에 신에게 바친 소는 진짜가 아닌 밀가루로 만든 소였다는 주장이 더 설득력이 있다.

오늘날 피타고라스 정리에 관한 증명은 약 400가지에 이르고 있으며, 이것에 흥미를 가진 사람들이 계속 새로운 증명법을 찾아내고 있다. 그리고 인터넷을 이용하여 찾을 수 있는 증명 방법만 해도 약 50가지에 이른다. 그래서 여기에서는 수식이 필요 없는 그림만을 이용한 흥미로운 증명법 몇 가지를 소개한다.

그런데 아무리 잘 알려진 증명 방법을 제외시킨다고 하더라도 피타고라스가 증명한 것으로 알려진 방법을 소개하는 것은 의미가 있다. 따라서 처음에 소개할 방법은 피타고라스가 증명한 것으로 알려진 다음과 같은 분할 형태의 증명이다. a, b, c를 주어진 직각삼각형의 두 변과 빗변이라고 하고, 다음 그림에 있는 것과 같은 두 개의 정사각형을 생각하자. 각 정사각형의 변의 길이는 $(a+b)$이다. 왼쪽의 정사각형은 여섯 개의 부분으로 분할된다. 오른쪽의 정사각형은 다섯 개의 부분으로 분할되는데, 같은 것에서 같은 것을 빼냄으로써 빗변에 대응하는 정사각형은 두 변에 대응하는 정사각형의 합과 같게 된다.

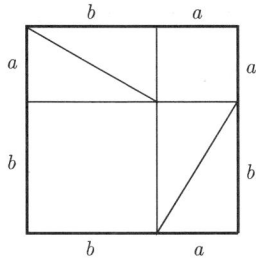 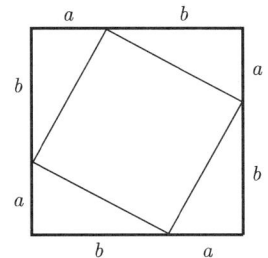

오른쪽 그림에서 가운데 부분이 실제로 한 변의 길이가 c 인 정사각형이라는 것을 증명하기 위해서, 직각삼각형의 각들의 합은 두 직각과 같다는 사실을 이용할 필요가 있다. 그런데 삼각형에서 이와 같은 일반적인 사실을 증명하기 위해서는 평행선의 성질에 관한 지식이 요구되기 때문에, 초기 피타고라스학파는 또한 평행선 이론의 발전에도 공헌한 것으로 여겨진다. 사실 평행선 이론은 피타고라스 이후의 위대한 수학자 유클리드가 그의 책 《원론》에서 다루었다. 그리고 평행선 이론에 많은 논란이 있기 때문에 기하학을 유클리드의 기하학과 유클리드의 기하학이 아닌 비유클리드 기하학으로 나누게 되는데, 자세한 내용은 차차 소개하겠다.

다음 그림은 유클리드의 증명법의 기초가 된 그림이다. 그림만 봐도 피타고라스 정리가 성립한다는 것을 알 수 있다.

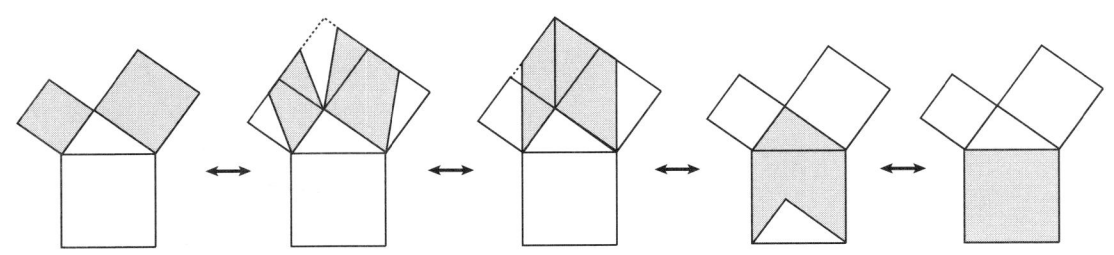

다음 그림은 듀드니(Dudeney)가 제시한 것으로 그림에서와 같이 위의 두 정사각형을 오려낸 조각들을 밑의 큰 정사각형에 붙이면 꼭 맞는다는 것을 알 수 있다.

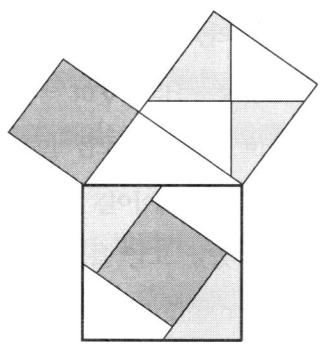

다음 그림은 마이클 하디(Michael Hardy)가 제시한 것으로 반지름이 c 인 원에 대한 비례관계로부터 피타고라스 정리를 쉽게 발견할 수 있다.

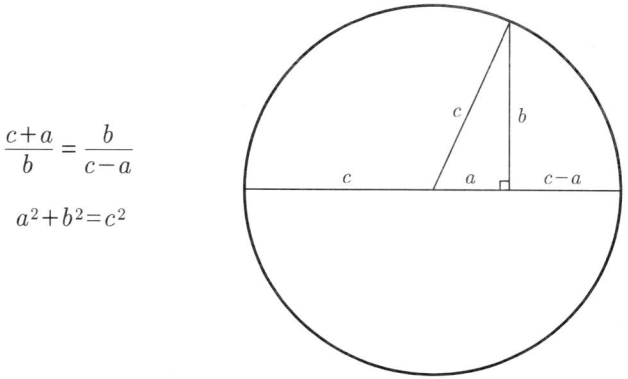

$$\frac{c+a}{b} = \frac{b}{c-a}$$

$$a^2 + b^2 = c^2$$

다음 그림은 휴이(Hui)가 제시한 증명법으로 듀드니의 방법과 마찬가지로 작은 정사각형을 오려낸 조각들을 큰 정사각형에 겹친 것이다.

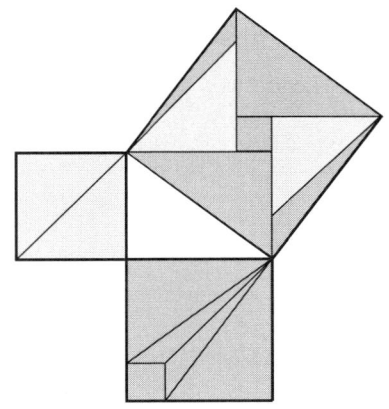

다음 그림은 버크(Burk)가 제시한 것으로 주어진 직각삼각형에 각 변의 길이만큼 배를 하여 피타고라스 정리를 증명했다.

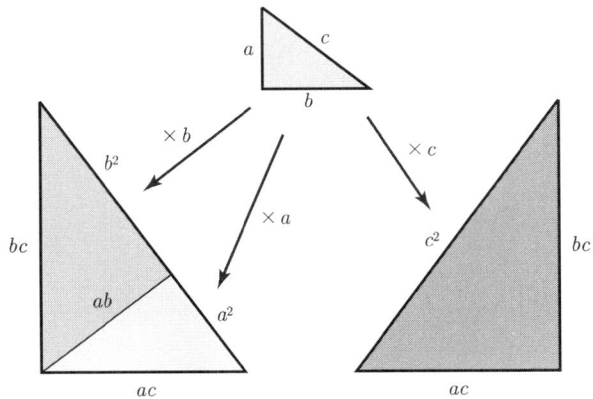

피타고라스 정리를 증명한 피타고라스는 이 세상의 모든 것은 정수의 비로 나타낼 수 있다고 주장했다. 하지만 공교롭게도 피타고라스 정리를 이용하여 정수의 비로 나타낼 수 없는 무리수 $\sqrt{2}$ 를 발견하며 피타고라스 기하학은 위기를

맞는다. 수학에서 이 위기를 '논리적 추문(logical scandal)'이라고 한다.

한동안 $\sqrt{2}$가 사람들에게 알려진 유일한 무리수였다. 그 후에 플라톤은 키레네(Cyrene)의 테오도루스(Theodorus, 기원전 약 425년경)가 $\sqrt{3}$, $\sqrt{5}$, $\sqrt{6}$, $\sqrt{7}$, $\sqrt{8}$, $\sqrt{10}$, $\sqrt{11}$, $\sqrt{12}$, $\sqrt{13}$, $\sqrt{14}$, $\sqrt{15}$, $\sqrt{17}$이 역시 무리수임을 보였다고 전한다.

그 후 피타고라스의 제자인 아르키타스(Archytas)의 제자이며 플라톤의 제자이기도 한 에우독소스(Eudoxus)가 기원전 370년경 비례에 대한 새로운 정의를 만들어 이 '스캔들'을 해결했다. 그래서 수학은 이전보다 더 튼튼한 반석 위에 세워지게 되었고, 드디어 거의 완벽해진 기하학을 총정리하는 걸출한 수학자가 등장하게 되는데, 그것이 다음 장의 내용이다.

수학자들의 성서

유클리드

● 기원전 400년~기원전 250년

마케도니아의 패권, 알렉산드로스 대왕
알렉산드로스의 도시, 알렉산드리아 건설
헬레니즘 시대 도래
무세이온에 학자들 모여들다
수학적 체계화의 결정판, 《원론》
정다면체, 일명 플라톤의 도형
평행선공준 : 유클리드 기하학과 비유클리드 기하학의 기준 제시

기원전 600년경의 탈레스부터 기원전 300년경의 유클리드(Euclid) 사이의 300년 동안에 그리스 사람들은 수학에서 대단히 많은 업적을 쌓았다. 그리스 수학자들은 피타고라스학파를 중심으로 초등기하학과 수론, 무한에 대한 개념을 발전시켰다. 또한 원과 직선 이외의 곡선에 대한 기하학과 구와 평면 이외의 곡면에 대한 기하학 등에 관한 개념도 발달되었다. 그러나 이런 수학적 성취는 일목요연하게 정리되지 못한 채 입에서 입으로 전해지고 있었는데, 이때 나타난 것이 바로 플라톤의 아카데미아가 낳은 준재 유클리드이다.

먼저 유클리드가 수학자로 우뚝 서게 된 역사적 배경을 살펴보자.

기원전 400년경 그리스 세계는 계속되는 전쟁으로 농업은 황폐해지고 빈부 격차가 커지며 점점 쇠퇴기로 접어들고 있었다. 이런 그리스 세계에 새롭게 등장한 세력은 북쪽의 마케도니아였다. 마케도니아의 필리포스 2세는 기원전 338년의 카이로네이아 전쟁에서 아테네와 테베를 중심으로 구성된 그리스 연합군을 격파하고 그리스 세계의 패권을 잡았다.

필리포스 2세의 아들로 젊은 나이에 마케도니아의 왕이 된 알렉산드로스(재위 기원전 336년~기원전 323년)는 기원전 334년 마케도니아와 그리스 연합군을 이끌고 페르시아 제국을 공격한다. 알렉산드로스는 기원전 330년에 페르시아 제국을 완전히 무너뜨리고 페르세폴리스 궁전을 불태운다. 그러나 알렉산드로스는 페르시아 제국을 계승하고자 스스로 페르시아 공주인 스타테일라와 결혼하고 80명의 고관과 1만여 명의 장병을 페르시아 여성과 결혼시켰다.

알렉산드로스는 원정 도중에 몰락한 그리스인들을 정착시키기 위하여 70여 개의 새로운 도시를 건설하고 그 이름을 '알렉산드로스의 도시'라는 뜻의 '알렉산드리아'라고 부른다. 여러 개의 알렉산드리아 가운데 가장 번성한 곳은 당시 인구가 50만 명에 이르고 '없는 것은 눈뿐'이라 일컬어지는 이집트의 알렉산드리아였다.

이 시대에는 많은 그리스인들이 가난하고 혼란한 그리스에서 점령한 각지로 이주해 아테네의 그리스어를 토대로 페르시아어 등 여러 언어가 혼합되어 만들어진 '코이네'가 공통어가 되었다. 이러한 융합적인 문화를 '헬레니즘(그리스풍의) 문화'라고 한다. 알렉산드로스가 페르시아 제국을 무너뜨린 기원전 330년부터 분열한 세 왕국 중에서 가장 마지막까지 남은 이집트 왕국이 로마에 의해 무너지는 300년간을 헬레니즘 시대라고 한다.

하지만 거대한 제국을 건설하고 새로운 문화를 만든 알렉산드로스는 인도로 무리하게 원정을 나가 열병에 걸려 33세의 나이로 죽는다. 그의 죽음은 너무나도 갑작스런 일이었고, 제국의 체제가 미처 갖추어지지 않은 상태라 후계자인 장군들 간에 권력 다툼이 일어났다.

이집트를 포함한 영역은 알렉산드로스의 재능 있는 장군인 프톨레마이오스

(Ptolemy Soter)가 통치하게 되었는데, 그는 나일 강 하구로부터 얼마 떨어져 있지 않은 알렉산드리아를 수도로 정하고, 무세이온(Musaeum 또는 Mouseion)이라는 연구기관을 세웠다. 이 새로운 교육기관에 당시 그리스 세계에서 뛰어난 학자라는 학자는 거의 모두 초빙되었고, 그 가운데 수학자 유클리드가 있었다.

오늘날의 대학과 비슷한 무세이온에서 유클리드가 심혈을 기울여 한 일은 《원론(Elements)》을 집필하는 것이었다. 모두 13권의 책으로 이루어진 《원론》은 그 내용이 매우 훌륭하고 방대할 뿐만 아니라 오늘날 수학에서 사용하고 있는 공리적 방법을 최초로 적용한 책이기도 하다. 그래서 수학적 체계화의 역사에서 최초의 위대한 사건으로 간주된다. 이 책은 성경을 제외하고 가장 널리 사용되고 연구되었으며, 2000년 이상 모든 수학교육을 좌우해 왔다. 1482년에 처음으로 인쇄된 이래 지금까지도 우리는 《원론》에 있는 내용을 학교에서 배우고 있다.

하지만 《원론》이 너무 훌륭하여 생긴 문제점도 있었다. 《원론》의 출현은 그 이전의 수학책을 너무 빠르고 완벽하게 대치해 버렸기 때문에, 그보다 먼저 나왔던 책 중에서 현재 남아 있는 것이 없다. 따라서 유클리드 이전의 수학책이나 수학 내용이 누구의 업적인지를 알 수 있는 방법은 극히 제한적인데, 유클리드 이후의 저술가들에 의한 주석을 통해서 그런 사실을 알 수 있는 것이 유일한 방법이 되었다.

유클리드는 《원론》을 다음과 같은 각각 다섯 개의 공리와 공준을 소개하며 시작했다. 오늘날 공준과 공리는 엄격하게 구별하지 않고 사용하고 있으나 유클리드가 살던 당시에 공리는 모든 학문에 누구나 참이라고 인정하는 보편적인 진리를 말하고, 공준은 수학과 같은 특정 분야에서 참이라고 인정하는 진리를 말했다.

공리

1. 같은 것과 같은 것들은 서로 같다.
2. 같은 것에 같은 것을 더하면 그 전체끼리는 서로 같다.
3. 같은 것에서 같은 것을 빼면 그 남은 것끼리는 서로 같다.
4. 서로 완전히 포갤 수 있는 둘은 서로 같다.
5. 전체는 부분보다 크다.

공준

1. 한 점에서 다른 한 점으로 직선을 그을 수 있다.
2. 유한한 직선을 무한히 연장할 수 있다.
3. 한 점을 중심으로 하는 원을 그릴 수 있다.
4. 모든 직각은 서로 같다.
5. 한 직선이 두 직선과 만날 때 같은 쪽의 내각의 합이 두 직각보다 작다면, 이 두 직선을 한없이 연장할 때, 내각의 합이 두 직각보다 작은 쪽에서 만난다.

위의 공준 중에서 우리가 기억해야 할 것은 일명 '평행선공준'인 '공준 5'이다. 이 공준이 성립하느냐 하지 않느냐에 따라 유클리드 기하학과 비유클리드 기하학으로 나뉘기 때문이다.

《원론》은 이 10개의 명제로부터 모두 465개의 새로운 명제를 유도해 냈다. 일반적으로 생각하는 것과는 달리 《원론》은 기하학뿐만 아니라 수론과 약간의 대수와 관련된 내용도 담고 있다. 오늘날 중학교와 고등학교에서 배우는 기하의 내용은 주로 《원론》의 제 I, III, IV, VI, XI, XII권에서 발췌한 것이다. 각 권의 내용 중에서 흥미로운 것만 간추려서 살펴보자.

먼저 I권에는 삼각형의 합동, 자와 컴퍼스를 사용한 간단한 작도, 삼각형의 각과 변에 대한 부등식, 평행선의 성질, 평행사변형에 관한 내용이 포함되어 있다. 이 중에서 평행선의 성질로부터 삼각형의 세 내각의 합은 180°라는 사실을 얻을 수 있고, 이것은 이후에 유클리드 기하학과 비유클리드 기하학을 가르는 하나의 기준이 되기도 한다. 다음 그림을 보자.

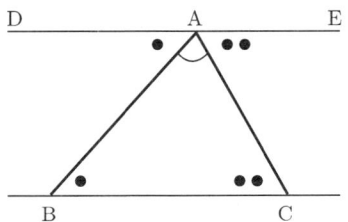

직선 DE와 직선 BC가 평행하다면 ∠DAB와 ∠ABC는 엇각이므로

$$\angle DAB = \angle ABC$$

마찬가지로 ∠EAC와 ∠ACB도 엇각이므로

$$\angle EAC = \angle ACB$$

그런데 직선 DAE가 이루는 각은 180°이므로

$$180° = \angle DAE = \angle DAB + \angle BAC + \angle EAC$$
$$= \angle ABC + \angle BAC + \angle ACB$$

따라서 삼각형 세 내각의 크기의 합은 180°임을 알 수 있다.

제I권의 마지막 명제 47과 명제 48은 피타고라스 정리와 그 역의 증명이다. 그런데 여기에 증명된 방법은 우리가 교과서에서 배우는 간단한 방법이 아니다. 그 이유는 가능하면 닮은 삼각형의 변의 비를 이용하지 않고 증명하려고 했기 때

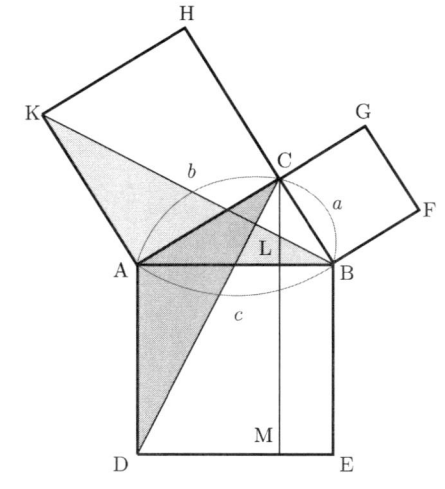

문인데, 제5권에서 비로소 유클리드는 비례에 대한 완벽한 기초를 소개하고 사용한다. 그래서 유클리드는 왼쪽 그림과 같은 '유클리드의 풍차', '공작의 꼬리', 또는 '새색시의 의자'라는 도형을 사용하여 피타고라스 정리를 증명하였다.

피타고라스 정리에 대한 유클리드의 증명은 다음과 같다.

직각삼각형 ABC의 변 AC를 한 변으로 하는 정사각형 ACHK의 넓이는 b^2이다. 그런데 △ACK와 △ABK는 변 $\overline{AK}$의 길이가 같고 높이가 $\overline{AC}$로 같으므로 넓이가 같다. △ABK와 △ADC는 두 변의 길이가 같고 그 끼인 각이 같으므로 합동이다. 따라서 넓이가 같다. 또 △ADC의 넓이는 △ADL의 넓이와 같다. 따라서 정사각형 ACHK의 넓이는 직사각형 ADML의 넓이와 같다. 마찬가지 방법으로 정사각형 BFGC의 넓이와 직사각형 LMEB의 넓이가 같음을 보일 수 있다. 따라서 직각삼각형의 짧은 두 변을 한 변으로 하는 두 정사각형의 넓이의 합은 빗변을 한 변으로 하는 정사각형의 넓이와 같으므로 $a^2 + b^2 = c^2$이 성립한다.

제II권은 넓이의 변환과 피타고라스학파의 기하학적 대수를 다루고 있으며, 총 14개의 명제로 되어 있다.

제III권은 39개의 명제로 이루어져 있으며 원, 현, 할선, 접선과 각의 측정에 관한 정리가 수록되어 있다.

제IV권은 16개의 명제로 이루어져 있으며 3, 4, 5, 6, 15변을 갖는 정다각형을 주어진 원에 자와 컴퍼스를 가지고 내접 또는 외접시키는 작도 문제를 다루고 있다.

제V권은 에우독소스의 비례에 관한 것인데, 이 책은 수학적인 문헌 중에서 가장 훌륭한 걸작으로 평가되고 있다.

제VI권은 《원론》 중 부피가 가장 큰 책으로 에우독소스의 비율이론을 닮은 도형의 연구에 응용하고 있다. 여기에는 닮은 삼각형에 관한 기본정리, 제3비례항, 제4비례항, 비례중항의 작도, 이차 방정식의 기하학적 해, 피타고라스 정리의 일반화와 그 이외의 몇 개의 명제들이 실려 있다.

제VII권은 정수론 중 두 정수의 최대공약수를 구하는 '호제법(Euclidean algorithm)'을 다루고 있다. 또한 피타고라스학파의 비례에 관한 수치이론의 해설과 수에 대한 기본적인 여러 가지 성질들이 소개되어 있다.

제VIII권은 연비례와 관련된 등비수열을 다루고 있다. 예를 들면 연비례 $a:b=b:c=c:d$ 이면 a, b, c, d 는 등비수열을 이룬다.

제IX권은 '산술의 기본 정리(fundamental theorem of arithmetic)'로 불리는 다음의 명제가 수록되어 있다.

1보다 큰 임의의 정수는 반드시 소수의 곱으로 표현될 수 있으며, 그 방법은 근본적으로 한 가지이다.

또한 '소수의 개수는 무한하다.'는 사실에 대한 세련된 증명이 있고, 등비수열의 첫 n 개 항의 합에 대한 공식을 기하학적으로 유도했으며 짝수인 완전수를 만드는 공식이 증명되어 있다.

제X권은 무리수에 관한 것이다. X권은 《원론》 중 가장 읽기 힘든 내용이지만 많은 학자들은 《원론》 가운데에서 가장 경탄스러운 책으로 꼽고 있다. 여기에는 피타고라스보다 천 년 전의 고대 바빌로니아인들이 이미 알고 있었을 것으로 믿어지는 '피타고라스 3쌍'을 만드는 공식이 있다.

제XI권은 공간에서의 직선과 평면에 대한 정의와 정리 그리고 평행육면체를 다루고 있다.

제XII권은 입체의 부피를 다루고 있고, 제XIII권은 《원론》의 마지막 권으로 한 구에 다섯 개의 정다면체를 내접시키는 작도 문제를 다루고 있다. 특히 《원론》 전체를 통하여 마지막 명제인 명제 18에서는 정다면체가 다섯 개뿐임을 증명하고 있다. 이로부터 1900년 뒤에 이 사실에 매우 감동한 천문학자 케플러는 이들 다섯 개의 정다면체야말로 우주의 신비로운 구조를 우리에게 이해시키기 위해 신이 준 열쇠라고 굳게 믿었다. 그래서 그는 다섯 개의 정다면체를 바탕으로 우주론을 세웠다.

사실, 고대 그리스 시대부터 정다각형과 정다면체를 작도하는 것은 흥미로운 문제였다. 그 당시는 정다각형과 정다면체를 눈금 없는 자와 컴퍼스만으로 작도할 수 있겠는가에 관심이 있었지만 현재는 컴퓨터를 이용하며 아주 쉽게 작도

정다면체

정다면체 전개도

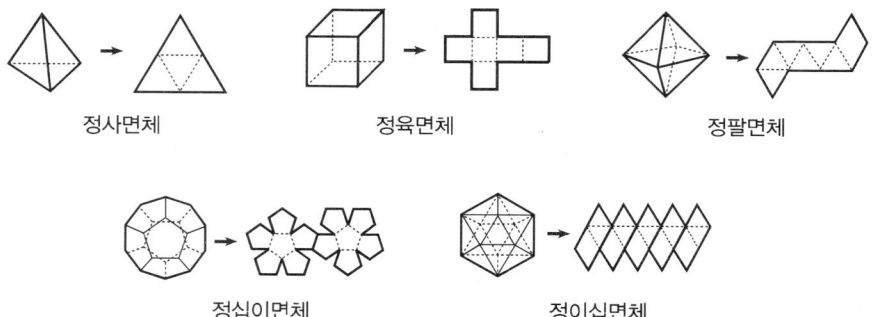

할 수 있다.

　잘 알려진 것과 같이 정다면체에는 정사면체, 정육면체, 정팔면체, 정십이면체, 정이십면체 다섯 종류밖에 없다. 이 가운데 정사면체, 정육면체, 정팔면체는 이미 이집트인들도 알고 있었다지만, 수학적으로 이것을 연구하기 시작한 것은 고대 그리스인들이었다. 정사면체, 정육면체, 정팔면체는 피타고라스와 그의 제자들에 의하여, 그리고 정십이면체와 정이십면체는 테아이테토스(Theaetetus)에 의하여 이론적으로 밝혀졌다. 그러나 일반적으로 이 다섯 개의 정다면체는 보통 '플라톤의 도형'이란 이름으로 알려져 있다.

　플라톤은 소크라테스의 제자로 그리스 최대의 철학자이다. 그는 정사면체를 불, 정육면체를 흙, 정팔면체를 공기, 정이십면체를 물 그리고 이 4원소 모두를 그 속에 간직하고 있는 정십이면체를 대우주의 상징으로 생각하였다. 그는 정십이면체에 대하여 우주를 표현한다는 특별한 역할을 부여하면서 이런 말을 남겼다.

　신은 이것을 전 우주를 위하여 쓰셨다.

　이것은 정다면체의 연구가 순전히 수학적인 관심에서 출발한 것이 아님을 짐작하게 해준다.

　고대 그리스의 기하학은 유클리드가 《원론》을 발표하며, 완벽한 형태의 수학교과서와 같은 이 책을 기반으로 비약적인 발전을 거듭한다. 그 결과 뛰어난 수학자들이 많이 배출되며 그리스 전역으로 수학이 확산되는 역할도 하였다.

　그리스의 기하학이 발전하며 서양 과학과 문명의 기초가 되어가는 동안 동양에서도 수학은 발전을 거듭하고 있었다. 피타고라스보다 훨씬 이전에 이미 피타고라스 정리를 알고 사용하고 있었으며, 유클리드 이전에 유클리드의 《원론》에 나와 있는 공리와 공존을 알고 사용했었다. 그래서 다음 장에서는 고대 동양의 기하학적 기초를 제공했던 《묵자》에 대하여 알아보자.

동양 기하학의 시초

● **기원전 5세기경**

동양 문명의 시작, 황하
《천자문》 125절에 삼라만상의 진리가 담기다
갑골문자, 중국에서 가장 오래된 문자
결승문자, 매듭으로 수를 헤아리다
산목, 나뭇가지로 수를 계산하다
중국 논리학의 꽃 《묵자》
동양수학과 논리에 관한 텍스트

묵자

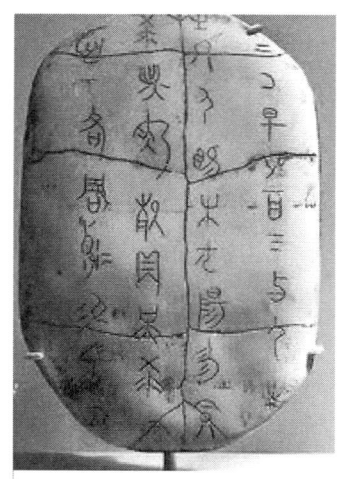

중국 은나라 시대의 갑골문자

흔히 동양 문명의 시작은 황하에서부터 시작되었다고 한다. 어느 문명이나 마찬가지겠지만, 동양의 문명이 시작되는 출발점은 아마도 한자(漢字)라는 문자의 발명이었을 것이다. 그리고 오늘날 한자의 가장 기본이 되는 책은 《천자문(千字文)》일 것이다. 《천자문》은 중국 남조(南朝) 양(梁)나라의 주흥사(周興嗣)가 문장을 만들고, 동진(東晉) 왕희지(王羲之)의 필적 속에서 해당되는 글자를 모아 만든 책으로, 예로부터 한자를 배우는 입문서로 널리 사용되었다. 1구에 4글자씩 250구이고, 1절에 2구씩 모두 125절로 이루어져 있는 《천자문》 속에는 우주 삼라만상의 온갖 진리가 담겨져 있을 뿐 아니라, 인간 수양의 정곡을 찌르는 광범위하고 오묘한 명문이 담겨 있다.

따라서 수학과 관련된 말이 반드시 들어 있음을 짐작할 수 있다. 이를 테면, 2의 지수와 관련된 내용도 있고, 세금을 징수할 때 공평하게 하는 방법, 시간을 측정하는 내용 등을 담고 있다.

《천자문》의 11번째 절은 '시제문자(始制文字) 내복의상(乃服衣裳)'이다. 이 절의 뜻은 '결승(結繩)에서 탈피하여 비로소 문자를 제정하였고, 이어서 의제(衣制)를 만들어 착용케 하였다.'이다. 여기서 '시제문자'는 '비로소 문자를 제정하였다.'로 상고시대에는 글자가 없어 끈을 맺어 놓아 남과 약속을 하는 결승문자를 사용하였는데, 그 불편함이 매우 컸다. 그래서 복희씨 때에 비로소 글자를 만들어 기록하게 했다고 한다. 또 문자 제정자가 창힐(蒼頡)이라고 하지만 은나라 때에 이미 갑골문자(甲骨文字)가 있었다고 하며, 이 많은 한자를 창힐이 혼자서 만든 것은 아니라고 한다. 갑골문자는 지금까지 중국에서 발견된 가장 오래된 문자이며, 그 안에는 숫자도 포함되어 있다.

다음 그림은 은나라(기원전 1600년~기원전 1046년)부터 현재까지 사용된 한자의 변천을 나타낸 것이다. 1부터 4까지는 그 수의 크기만큼 막대기(산목)를 놓은 모양인데, '四'의 경우도 처음에는 막대기 4개를 사용했지만 그 모양이 점차 변했다. '四'는 네 귀퉁이가 있는 네모진 모양 □에 '나눈다'는 뜻을 지닌 '여덟 팔(八)'자를 더한 형태(四)가 되었는데, 아라비아 숫자의 '4'자가 '동서남북'의 방위를 나타내는 기호 4 와도 그 의미가 비슷하다.

은나라	一	二	三	亖	㐅	∩, ∧	+	)(	九	|
주나라	一	二	三	亖	㐅	⇑	+	)(	九	♦
한나라	一	二	三	田	五	六	七	八	九	十
오늘날	一	二	三	四	五	六	七	八	九	十
인도-아라비아	1	2	3	4	5	6	7	8	9	10

'五'의 초기 모습인 X은 로마자의 V자나 아라비아 숫자의 5와는 조금 다르지만, 실은 같은 의미를 담고 있다. 다시 말해서 많은 수효를 헤아리려면 어떤 일정한 지점에서는 '꺾거나(V), 엇갈리거나(X), 혹은 다시 돌아가야(X)'만 계속 헤아려 나갈 수 있는데, 그 첫 번째 지점이 바로 자연수 1, 2, 3, 4, 5, 6, 7, 8, 9의 한가운데에 있는 5의 지점이라는 것이다. 사람은 다섯 손가락(한 손)으로 열까지도 셀 수가 있다. 우리말로 헤아려 보자면, 5는 손가락 다섯 개를 '다 세운 다섯', 혹은 '다 닫은 다섯'이며, '6'은 '열기 시작하는 여섯', 그리고 '10'은 '다 여는 열'이 되는데, 바로 이 닫았다 여는 자리가 한자의 다시 돌아가는 모습인 X으로도 나타난 것이다.

'육(六)'자의 갑골문은 '∧, ∩, 亼' 등이 있는데, 처음에는 지붕뿐인 움집(∧)이었다가 벽(∩)이 생기고, 다시 그럴듯한 집(亼)이 되어 지금처럼 바뀐 '여섯 육(六)'자로 많은 학자들이 '六'자가 '집의 형태(亼)'에서 나왔다는 점에서는 거의 동의를 하면서도 어째서 그렇게 되었는지에 관해서는 아직 정설이 없다. 그러나 사람들한테만 쓰게 된 '집 면(宀)'자의 갑골문(∩, ∩, 亼) 역시 실은 '六'자의 갑골문(∧, ∩, 亼)과 똑같으며 특히 '亼'과 '亼', 그리고 지금의 '六'자는 완전히 같은 글자임을 보여 주며, 또한 갑골문의 '六'자인 '∧'자나 '∩'자는 실제로 정6각형의 한 부분과도 같다.

한자의 '七(칠)'자는 원래 수효를 헤아릴 때 쓰던 결승의 '한 마디를 잘라 내거나 쳐내는 모습인 十이었는데, 결승의 끈을 한 매듭 지어내는 모습인 ♦에서 나온 '열 십(十)'자와 비슷하기 때문에 혼선을 피하기 위해 꼬리를 비튼 모습인 ㇗으로 바뀌었다가 오늘날과 같은 모양의 '七'이 되었다. 그 증거로는 '자르거나 쳐낸다.'는 뜻을 지니고 있는 '칠(七)'자와 '칼 도(刀)'자를 더해 만든 '자를 절(切)'자를 들 수 있다.

한편, '여덟 팔(八)'자가 나눈다는 뜻을 가지고 있다는 증거로는 '八'자와 '칼도(刀)'를 더해 만든 '나눌 분(分)'자를 들 수가 있다.

마지막까지 잔뜩 구부린 팔뚝과 손으로 모든 걸 다 싸안은 모습인 , 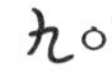이 '아홉 구(九)'자이다. 이 '九'자에 '구멍 혈(穴)'자를 더하면 '마지막까지 파낸다.'라는 뜻으로, 연구(研究)나 탐구(探究) 등에 쓰이는 '끝까지 헤아릴 구, 다할 구(究)'자가 된다. 마지막으로 열 번째로 헤아린 새끼줄에 동그란 매듭을 지어 '털고(0) 다시 새로운 하나(1)가 된다.'는 뜻(0 + 1 = 10)을 나타낸 '열 십(十)'자는 이다. 이것은 오늘날까지도 거의 변하지 않고 사용되고 있다.

한편 '내복의상'은 '이리하여 의상이 만들어져 착용하게 되었다.'는 뜻으로 그 전까지는 짐승의 가죽이나 풀잎 등으로 몸을 가린 것에 불과했다. 그 후에 호조(胡曹)라는 사람이 처음으로 옷을 만들어 입도록 가르쳤다고 한다.

중국의 여러 고전을 보면 문자나 숫자를 기록하는 수단이 없었던 아주 옛날에 끈을 묶어 수를 표시하는 결승법(結繩法)이 있었다고 알려 주는 구절이 있다. 그러나 중국에서 실제로 행해졌던 결승법이 어떤 것인지는 확실하게 알 수 없다. 그러나 남아 있는 유물을 참조해 보면 매듭의 수나 간격 또는 늘어진 끈의 줄의 수로 양을 나타냈을 것이라는 추측을 할 수 있다.

결승법에 대한 흔적은 한자에서도 찾을 수 있는데, 3000여 년 전 갑골에 남아 있는 수를 뜻하는 한자 '수(數)'의 초기 형태는 끈으로 매듭을 묶는 손 모양을 담고 있다. 이것은 수를 나타내기 위해 끈을 꼬아 결승문자를 표시하는 것과 관련된 한자임을 추측할 수 있다. 또 계산을 뜻하는 '산(算)'은 그림에서 보듯이 대나무 막대를 나타내는 윗부분과 손을 나타내는 아랫부분으로 이루어져 있다. 이것은 산목으로 계산했던 모양을 나타내는 것이다.

數의 초기 모양

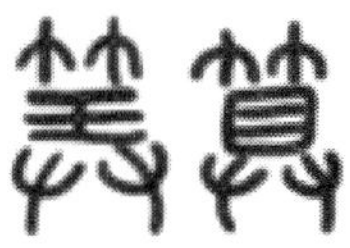

算의 초기 모양

우리나라에서는 1910년대 말까지 전남의 농촌에서 결승이 사용되었다고 한다. 다음 그림은 당시에 사용되었던 결승법을 재현한 것으로 묶는 횟수가 수를

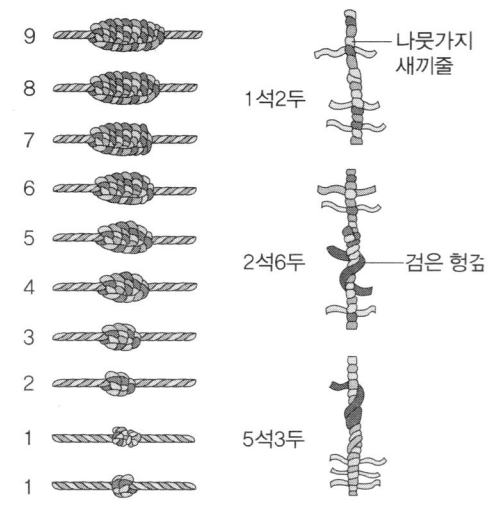

나타내는 것이다. 또 끈을 묶어서 수를 표현하는 방법은 지방에 따라 다소 차이는 있으나 5진법의 원리가 적용되었음을 그림으로부터 알 수 있다.

상고시대 중국에서는 계산과 측량의 도구로써 산목, 결승, 탤리, 자, 컴퍼스, 먹줄 등이 쓰였는데, 노자의 《도덕경(道德經)》에 "훌륭한 수학자는 산목을 사용하지 않는다."라는 말이 있는 것으로 봐서 그 이전부터 산목을 써서 가감승제의 계산을 해왔음을 알 수 있다. 계산할 때 산목을 사용하여 수를 나타내는 방법은 매우 간단했다. 이를테면 1부터 9까지는 그 수에 맞게 산목을 세워서 표현했는데, 6부터 9까지는 가로로 놓은 산목 하나를 5로 여기고 나머지를 세워서 그림과 같이 표현했다. 또 10부터 90까지는 산목을 눕혀서 표현했는데, 60부터 90까지 세로로 놓은 산목 하나를 50으로 여기고 나머지를 눕혀서 그림과 같이 표현했다.

이와 같은 두 가지 표현법으로 큰 수를 자연스럽게 나타냈는데, 자릿값에 따라 홀수 번째는 1부터 9까지, 짝수 번째는 10부터 90까지와 같은 방법으로 나타냈다. 예를 들어 2와 7이 섞여 있는 2만7천7백2십7인 27727은 다음 그림과 같이 나타냈다.

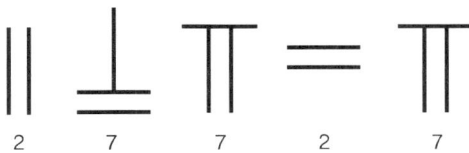

중국은 동양문명의 발생지라고 해도 과언이 아니다. 그곳에는 황하가 있었다. 이집트인들은 나일 강을 찬미했지만 중국인들은 '악마 같은 황하'라고 했다. 그 이유는 거의 2년에 한 번씩 찾아오는 대홍수 때문이었다. 그래서 중국에서는 물을 다스리는 문제가 극히 중요한 위치를 차지하고 있었다. 따라서 중국에서는 아주 일찍부터 물을 지배하는 자가 왕이 되는 소위 '수력사회'였고, 치수(治水)에는 수학이 절대적으로 필요했다. 유교의 고전인 《주례(周禮)》 속에는 당시의 관리 자제들에게 육예(六藝)를 가르쳤다고 적혀 있다. 육예란 예(禮, 예절), 악(樂, 음악), 사(射, 활쏘기), 어(御, 승마), 서(書, 글), 수(數, 계산)라는 여섯 가지 교양과목을 말한다. 이와 같이 고대 중국의 관리가 되기 위해서는 어릴 적부터 수학을 익혀야 했다. 당시의 수학은 농업국가인 중국의 관리들이 농산물을 세금으로 거두어들이는 일과 재정처리 그리고 상공업에 종사하는 사람들에게까지 널리 이용되고 있었다. 실제로 《주례》에는 관영공장에서 제작되는 각종 기구에 관한 기록이 있는데, 이런 작업을 하는 데 자와 컴퍼스가 사용되었음은 분명하다. 한(漢)대에 새겨졌다는 전설적인 두 반신반인의 석각인 복희와 여화의 손에 각각 자와 컴퍼스가 들려져 있는 것으로 보아 수학 중에서도 기하학을 얼마나 중시했는지 알 수 있다.

자와 컴퍼스를 든 복희와 여화

특히 기원전 5세기에서 221년까지 중국의 전국시대에 활동했던 일종의 기술자 집단인 묵가(墨家)는 유클리드의 《원론》과 비슷한 기하학의 기본적인 내용을 일반인들이 이해할 수 있도록 정리하였다. 묵가는 유교 사상에 대항하는 과정에서 성립된 집단으로 주로 중하류층이었다. 이들은 인간 이성 및 지식에 대하여 긍정적인 입장을 취했으며, 궤변론자들에게 대항하기 위하여 공리주의적인 태도를 취하였다. 그들에 의하여 중국은 논리학이 크게 발전하게 되었다. 그러나 이들과 대립적이었던 유가(儒家)의 성공으로 후세에 이어지지 못하였다.

묵가의 최초의 맹주인 묵자가 지은 것으로 알려진 책《묵자(墨子)》는 모두 71편이라고 하는데, 현재는 53편만 남아 우리에게 전해지고 있다. 학자들은 남아 있는 53편을 다섯 가지 종류로 분류하는데, 세 번째 종류가 '묵변(墨辯)'이라고 불리는 논리학과 수학에 관한 것이다. 특히 〈경편(經篇)〉상·하와 그것을 해설하는 〈경설편(經說篇)〉상·하는 중국 고대 논리학의 꽃이라 일컬을 만한 것이다. 여기에는 논리학뿐만 아니라 기하학, 광학, 역학, 물리학 등의 내용이 실려 있다. 〈경편〉상에 모두 99개, 〈경편〉하에 모두 83개의 내용이 소개되어 있는데, 이 가운데 여기서는 수학과 관련 있는 몇 개만을 뽑아서 소개하겠다. 그런데 〈경설편〉상·하에 이에 관련된 내용을 자세히 설명하고 있으므로 〈경편〉의 내용을 '경'으로 나타내어 소개하고 그에 대한 〈경설편〉의 해설을 '설'로 나타내어 소개하겠다.

[경] 공간이란 다른 곳에까지 걸쳐 있는 것이다.
[설] 공간이란 동쪽부터 서쪽까지와 남쪽부터 북쪽까지이다.

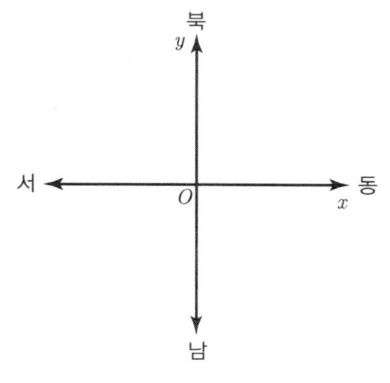

이것은 공간에 관한 것으로 오늘날의 공간은 물체와 사건이 출현해 상대적 위치와 방향을 지니는 3차원의 무한한 범주를 말한다. 그런데 묵자가 말한 공간은 3차원 공간을 설명하는 것이라기보다는 동·서·남·북만을 말하고 있으므로 평면을 설명하고 있는 듯하다. 실제로 공간을 설명하려면 네 방향과 더불어 위와 아래까지 설명되어 있어야 한다. 따라서 묵자는 앞의 왼쪽 그림과 같이 동·서를 x축으로 하고, 남·북을 y축으로 하는 2차원 공간을 설명하고 있다.

> [경] 평평하다는 것은 높이가 같다는 것이다.
> [설] 설명이 없다.

이것은 평행선에 대한 설명인 것으로 여겨진다. 〈경편〉에는 '平, 同高也'라고 나와 있다. 직선의 경우 평(平)이라는 것은 평행하다는 것을 뜻하는 것이고, 두 직선이 평행하다는 것은 같은 높이를 갖는다는 것을 의미하고 있다. 즉, 높이는 수직선의 길이를 나타내므로 다음 그림과 같이 높이가 같은 두 직선 l, m은 평행하다는 것이다.

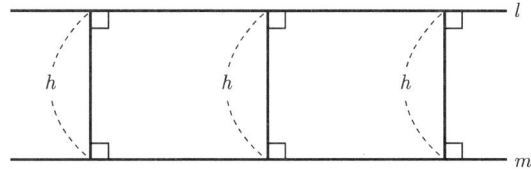

> [경] 둥글다는 것은 한 중심으로부터 길이가 같은 것이다.
> [설] 둥근 것은 그림쇠를 마주쳐지게 돌려 그리면 되는 것이다.

이것은 원에 대한 정의와 같다. 여기서 그림쇠란 오늘날의 컴퍼스를 말하며, 컴퍼스를 적당히 벌린 후 중심을 정하여 한 바퀴 돌려 원을 그릴 수 있다는 것이다.

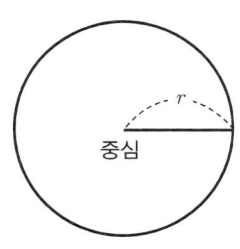

[경] 네모라는 것은 기둥의 모퉁이 사방 길이가 같다는 것이다.
[설] 네모는 굽은 자를 마주치도록 하면서 그리는 것이다.

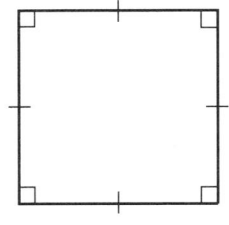

이것은 정사각형의 정의이다. 복희가 들고 있던 굽은 자로 직각을 만들어 각 변의 길이가 같도록 도형을 그리면 정사각형이 된다는 것이다.

[경] 배라는 것은 둘을 포개놓은 것이다.
[설] 배라는 것은 한 자에 대한 두 자이며, 한 자는 두 자에 비하여 한 자가 빠진 것이다.

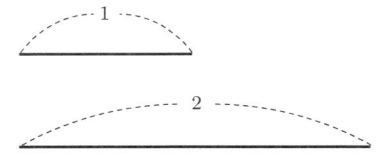

이것은 곱을 말하는 것으로 길이의 두 배를 설명하고 있다. 즉, 길이가 1인 선분을 하나 더 이어 놓으면 처음 선분보다 길이가 정확히 두 배인 새로운 선분을 얻을 수 있음을 설명하고 있다.

[경] 하나는 둘보다 적지만 다섯보다 많을 수도 있다. 이유는 자리를 매기는 데 있다.
[설] 하나는 다섯 속에 하나가 있고, 하나가 다섯 있기도 하다. 열에는 둘이 있다.

이것은 얼핏 보아 이해하기 힘들지만 사실은 십진기수법을 설명하고 있는 것이다. 예를 들어 1은 2보다 작지만 자리를 옮겨 10이라 할 때, 1은 10을 나타내므로 5보다 크다. 〈경설편〉에서는 5가 하나 있으면 하나 속에 1이 5개 있고, 10에는 5가 둘이 있다는 것이다. 따라서 이것은 10진법에서 위치에 따라 같은 숫자라도 다른 뜻을 가짐을 설명하고 있다.

중국은 주(周)시대 이전부터 10진법을 사용하였다. 물론 그 이후에도 줄곧 10진법이 사용되었다. 한(漢)대나 혹은 그 이전에는 산목의 배열을 이용하는 막대 수 체계가 만들어졌는데 그 체계에서 빈 공간은 0을 나타내는 것이었다. 기본적인 산술계산은 셈판 위에서 산목으로 하였다. 중국 주판은 나란한 막대나 줄에 움직일 수 있는 구슬을 꿴 것으로써 1436년의 어떤 책에서 이를 처음으로 언급하고 있지만 아마도 그보다 훨씬 더 오래된 것일 것이다. 이 주판은 최근까지만 해도 우리의 생활에서 쉽게 볼 수 있었던 것이고, 심지어 그것을 전문적으로 배우는 학원이 성업하기도 했다. 그러나 현재는 전자계산기와 컴퓨터의 보급으로 사용하지 않고 있다.

> [경] 반을 계속 잘라 나간다면 곧 움직일 수 없게 된다. 그 이유는 끝 때문이다.
>
> [설] 반을 자르는 것이 안 된다는 것은 끝으로부터 앞으로 나아가면서 잘려지기 때문이다. 앞으로 나아가면서 잘라진다면 중간에서도 반이 되는 일이 없고 그대로 끝이다. 앞뒤에서 잘라 나간다면 곧 끝도 중간이다. 자르는 것을 반드시 반으로 계속 잘라 나간다면 반이 되지 않는 경우란 없을 것이나 계속 자를 수는 없는 것이다.

이것은 선분을 계속 자르는 경우를 생각하면 된다. 묵자는 선분을 계속해서 자르면 끝에는 점만 남게 될 것이라고 생각했다. 즉, 위의 그림과 같이 선분 AB의 반을 잘라 선분 AB_1을 만들고, 선분 AB_1의 반을 잘라 선분 AB_2를 만들고,

선분 AB_2의 반을 다시 잘라 선분 AB_3를 만든다. 이와 같은 방법으로 계속해서 자르면 마지막에는 선분 AB의 한 끝인 점 A가 남게 된다는 것이다. 그러나 오늘날 점은 수학에서 정의하지 않는 용어로 크기와 두께가 없으며 위치만 차지하고 있는 것을 말한다.

《묵자》의 〈대취편(大取篇)〉과 〈소취편(小取篇)〉은 고대 동양의 논리를 다루고 있다. 두 편의 제목 중에서 '취(取)'는 비유를 취한다는 뜻이다. 그리고 《묵자》의 본문 중에 "이로운 것 중에서 큰 것(大)을 취한다."는 말이 있으니 거기에서 제목을 따온 것으로 알려져 있다. 〈대취편〉과 〈소취편〉을 비교할 때, '대'와 '소'로 구별할 성격상의 차이를 발견하기는 힘들다. 사실 논리학을 더 많이 다룬 것은 〈소취편〉이고, 〈대취편〉에는 문맥이 잘 연결되지 않는 여러 가지 일들이 기록되어 있다. 동양의 수학이나 논리에 대한 더 많은 정보를 얻고 싶다면 《묵자》를 읽어보기 바라며, 다음 장에서는 다시 서양의 수학에서 기하학의 발전으로 발길을 돌린다.

인류 최초의 위대한 수학자

아르키메데스

● **기원전 300년~기원전 200년**

로마 제국의 성장
로마와 카르타고의 패권 다툼, 포에니 전쟁
원주율: 원의 둘레의 길이와 지름의 비, π
원주율 근삿값 구하기
위대한 수학자 아르키메데스의 업적과 죽음
원의 넓이 구하기: 착출법, 실진법, 소진법
히포크라테스의 초승달

기원전 3세기 중반, 로마는 세력을 확장하여 이탈리아 반도를 통일하고 지중해의 패권을 넘보고 있었다. 그러나 과거 페니키아의 도시였던 카르타고는 당시 북아프리카 연안 및 이베리아 반도 일부를 거느리는 거대한 제국으로 시칠리아 해협을 비롯한 이탈리아 반도 주변의 해상을 장악하며 대부분의 지중해 교역로 및 경제권을 관할하고 있었다.

당시 카르타고와 로마 중간에 위치한 시칠리아는 내전에 휩싸여 있었고, 이탈리아 반도에 가까운 지역인 메시나는 반란군이 점령한 상태였다. 시칠리아의 도시들은 가장 세력이 강했던 시라쿠사(Syracuse)를 중심으로 메시나를 공격했다. 그래서 메시나는 로마와 카르타고 모두에 구원병을 요청했다. 로마는 곧 군대를 보내 메시나를 보호해 주는 대신 자신들의 세력하에 두었다. 그러자 카르타

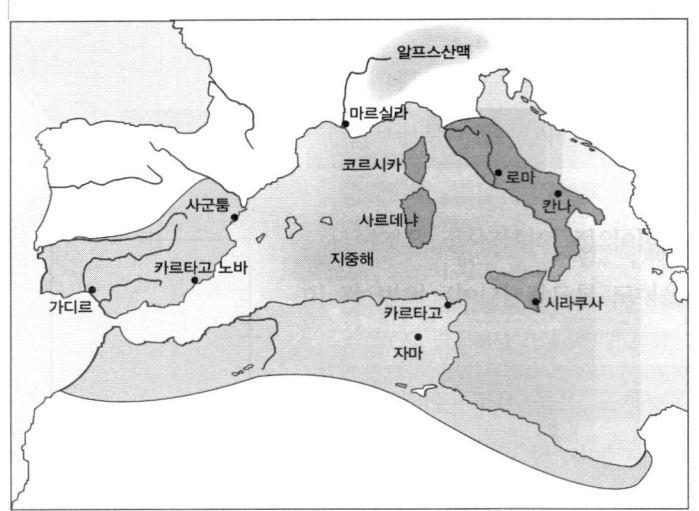

기원전 218년 전쟁 직전의 로마 공화정과 카르타고의 영향력 비교

고는 당시 시라쿠사의 왕 히에론(Hieron)과 동맹을 맺고 메시나를 공격했다. 하지만 로마군은 두 군대를 모두 격파하고, 시라쿠사 영토 안으로까지 밀고 들어왔다. 상황이 이렇게 되자 시라쿠사는 로마와 동맹을 맺었고, 카르타고는 대규모의 병력을 시칠리아에 파병해 전면전에 들어갔다. 이것이 로마와 카르타고의 제1차 포에니 전쟁으로 기원전 241년 카르타고의 패배로 끝나게 된다. 카르타고는 막대한 전후 배상금을 지불하고, 시칠리아와 그 외의 섬들은 로마의 세력권에 들어가게 된다. 제1차 포에니 전쟁 이후 6년간 로마는 팽창을 거듭하여 지중해 대부분을 장악하였다.

제1차 포에니 전쟁이 끝나고 카르타고는 시칠리아에 대한 주도권을 상실했으며 로마에 막대한 배상금을 물어 주어야 했고, 전쟁에 참가한 다른 나라 용병들의 급료도 지불해야 했다. 이것은 카르타고에게 상당한 압박으로 작용하여 급기야 기원전 240년 급료에 불만을 품은 용병들이 반란을 일으켰다. 용병의 반란은 용병 출신 국가들과 카르타고 내의 반 카르타고 세력과 결합하여 거의 3년 4개월을 끌고서야 해결되었다. 반란을 진압한 카르타고는 해외로 눈을 돌려 히스파니아로 이주하고 본격적인 히스파니아 식민지 경영에 착수했다. 기원전 228년에는 히스파니아 동쪽에 '새 카르타고'(현재 에스파냐의 카르타헤나)를 세우고 카르타고의 바르카 가문의 중심지로 삼았다.

기원전 219년 아버지 하밀카르 바르카의 뒤를 이어 히스파니아의 카르타고

식민지를 경영하던 한니발은 이베리아 반도 동쪽 해안에 있는 사군툼을 침공했다. 사군툼은 로마의 동맹국으로 로마는 한니발의 철수를 요구했으나 히스파니아 식민지로 자신감을 얻은 카르타고는 이를 거절했고, 로마는 카르타고에 선전포고를 했다. 제2차 포에니 전쟁이 발발한 것이다.

기원전 215년 시라쿠사, 카푸아, 마케도니아가 한니발과 동맹을 맺었고, 로마에서는 파비우스 막시무스를 출전시켜 한니발에 대항했다. 쉽게 끝날 것 같았던 전쟁은 4년간 지속되었다. 남부 이탈리아에서 로마군과 한니발은 소모전을 벌였고 전선은 교착 상태에 빠졌다. 그러는 동안 시칠리아와 마케도니아에서는 로마가 점차 전세를 역전시켜 나갔다. 마케도니아의 필리포스 5세는 한니발과의 약속을 지키지 못하고 로마의 군단과 그리스의 다른 국가들의 방해로 한니발과 호응해서 이탈리아로 오지 못했으며, 시칠리아는 기원전 212년 클라우디우스 마르켈루스(Marcellus)가 이끄는 로마군에 함락되었다.

로마가 시라쿠사를 포위했을 때 시라쿠사의 수학자 아르키메데스(Archimedes, 기원전 287년~기원전 212년)의 많은 발명품들이 시라쿠사의 방어에 도움을 주었다고 한다. 아르키메데스의 발명품 중에는 사정거리를 조정할 수 있는 노포, 도시 성벽의 어느 곳이라도 신속하게 이동하여 가까이 접근한 적의 배에 무거운 물체를 떨어뜨릴 수 있는 발사 장대, 적의 배를 들어 올려서 심하게 흔들어 부서뜨리는 이동식 거대한 기중기 등이 있었다. 거대한 유리거울을 사용하여 밖에 있는 적의 배에 불을 질렀다는 이야기도 있다.

로마는 시라쿠사를 점령하기 위하여 이 도시 국가를 거의 3년 동안 포위하였으나, 아르키메데스의 대단히 유용한 발명품들이 로마 장군 마르켈루스의 공격으로부터 시라쿠사를 지켰다. 심지어 로마 병사들은 성벽에 붙은 나뭇잎을 보고도 무슨 장치가 아닌가 하고 접근을 못했다고 전해진다. 그러나 달의 여신인 아르테미스를 찬양하는 '다이아나(Diana)' 축제 기간에 시민들이 술과 운동에 정신이 빠져 성문의 경계를 소홀히 하게 되었고, 로마군과 내통한 자의 배반으로 로마군은 쉽게 성 안으로 진입할 수 있었다. 전해지는 말에 의하면 마르켈루스는 도성 안의 아름다운 모습을 보고 그의 군인들이 약탈하고 파괴해 버릴 것을 생각하며 울었다고 한다.

어쨌든 제2차 포에니 전쟁도 로마가 승리하게 된다. 그 뒤 제3차 포에니 전쟁에서도 로마가 승리하며 로마는 명실상부한 지중해의 절대강자가 되고, 이후에 유럽 전역을 지배하게 된다.

도시가 함락되는 중에도 수학문제를 풀고 있는 아르키메데스

상당한 집중력의 소유자이기도 했던 아르키메데스는 기하학을 연구할 때 대부분의 그림을 난로의 재나 모래쟁반 위에 그렸다고 한다. 그의 최후는 로마 장군 마르켈루스가 이끄는 로마 군대가 시라쿠사를 점령할 때였다. 그날도 아르키메데스는 열심히 무엇인가를 연구하고 있었고 그것들을 모래밭에 그리고 있었는데, 로마병사가 그의 앞으로 다가왔다. 그러자 아르키메데스는 "내 원을 밟지 마시오."라고 했고, 이에 격분한 로마 병사는 인류의 역사상 가장 훌륭한 사람을 죽였다.

시라쿠사를 점령한 마르켈루스는 모든 병사에게 아르키메데스를 해치지 말라고 명령했지만 그의 명령은 지켜지지 않았다. 아르키메데스를 진심으로 존경하였던 마르켈루스는 아르키메데스를 추모하기 위하여 생전에 아르키메데스의 유언대로 그의 업적 중 가장 마음에 들어 했던 원기둥에 내접하는 구와 원뿔의 그림을 묘비에 새겨 주었다. 아르키메데스는 이 기하학적 그림에 내포되어 있는 아름다운 수학적 조화를 발견하고 늘 자신이 죽으면 이 그림을 자신의 묘비에 새겨 줄 것을 가족들에게 부탁하였다. 그의 묘비에 새겨진 그림의 수학적 조화는 다음과 같다.

원기둥 밑변의 반지름을 r, 높이를 h 라고 하면 이 원기둥의 부피는 $\pi r^2 h$ 이고 원뿔의 부피는 $\frac{1}{3}\pi r^2 h$ 이다. 또 내접하는 구의 부피는 $\frac{4}{3}\pi r^3$ 이다. 그런데 구가 원기둥에 내접하므로 원기둥의 높이는 $h = 2r$ 이다. 그러므로 세 입체의 부피의 비는 다음과 같다.

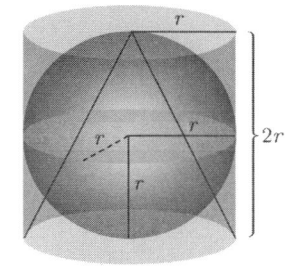

$$\text{원뿔} : \text{구} : \text{원기둥} = \frac{2}{3}\pi r^3 : \frac{4}{3}\pi r^3 : 2\pi r^3$$
$$= 1 : 2 : 3$$

아르키메데스는 1, 2, 3으로 된 비를 발견하고 이처럼 아름다운 것은 없다고 하였다. 왜냐하면 그도 우주는 수학적으로 조화롭게 짜여 있으며, 그중에서도 1, 2, 3, …의 정수는 가장 중요한 구실을 한다고 믿었던 그리스의 '철학자' 중 한 사람이었기 때문이다.

그가 죽은 후, 2000년이 훨씬 지난 1965년에 시라쿠사에서 호텔의 기초공사를 위해 땅을 파다가 그의 묘비가 발견되었고, 지금도 그곳 파노라마(Panorama) 호텔에 가면 그의 무덤 터를 볼 수 있다.

아르키메데스는 수학의 모든 시대를 통틀어 가장 위대한 수학자 중 한 사람이며, 또한 가장 위대한 고대인 중의 한 사람이다. 그는 기원전 287년경 시실리아의 옛 그리스 도시국가 시라쿠사에서 천문학자의 아들로 태어났고, 시라쿠사의 왕 히에론의 총애를 받았으며, 몇 년 동안 알렉산

아르키메데스의 무덤 터

드리아 대학교에서 수학한 것으로 추측되고 있다. 그 이유는 그가 친구들로 꼽았던 코논(Conon), 도시테우스(Dositheous), 에라토스테네스(Eratosthenes) 등이 모두 그 유명한 기관의 구성원들이었기 때문이다.

아르키메데스의 고대 문서
(자세한 내용은 www.archimedespalimpsest.org 참고)

아르키메데스는 여러 분야에서 많은 업적을 남겼고, 그만큼 많은 저서를 남겼지만 안타깝게도 대부분 소실되었다. 이런 사실은 다른 사람들의 저서에 언급된 사실로부터 확인할 수 있다. 알렉산드리아의 파포스(Pappos)는 아르키메데스가 《구의 제작에 관하여》와 다른 다면체에 대한 저서를 남겼다고 언급하였으나 지금은 전해지지 않는다. 파포스와 같은 시기의 학자인 알렉산드리아의 테온은 아르키메데스의 《굴절에 관하여》를 인용하여 빛의 굴절을 소개하였는데, 이 저서 또한 소실되었다. 이후에 그의 저작들은 비잔티움 제국, 이슬람 세계 등을 통해 전파되어 그리스어나 아랍어 등으로 번역되어 전해졌고, 르네상스 무렵 유럽에 소개되어 라틴어로 번역되었다.

소실되었던 아르키메데스의 저작이 근대에 다시 발견된 경우도 있다. 1906년 덴마크의 수학사학자 하이베르그는 이스탄불에서 《부체(浮體)에 관하여》와 같은 글이 수록된 아르키메데스의 저서 《방법(The Method)》을 발견하였다. 이 저서는 다시 사라졌다가 1998년 10월 29일 뉴욕 크리스티 경매장에서 경매에 붙여졌다. 동방 정교회가 약탈 문화재에 대한 반환을 요구하였으나 미국 법원은 이를 기각하였고 익명의 수집가가 소유하게 되었다. 이 저서는 몇 차례 소유주가 바뀐 뒤 1999년 2월 일반에게 공개되었다.

지금까지 전해오는 아르키메데스의 저작으로는 다음과 같은 것이 있다.

- 《평면의 균형에 관하여》: 평면 도형의 무게 중심을 찾는 방법을 정리한 저서이다.
- 《원의 측정에 관하여》: 소거법을 이용하여 원주율을 계산하였다.

- 《나선에 관하여》: 나선 곡선이 갖는 여러 성질을 연구한 저서이다.
- 《구와 원기둥에 관하여》: 같은 높이의 구와 원기둥이 갖는 부피의 비율을 정리하였다.
- 《원뿔과 회전 타원체에 관하여》: 원뿔을 잘랐을 때 나타나는 원, 타원, 포물선에 대해 정리한 저서이다.
- 《부체에 관하여》: 다면체를 물에 띄웠을 때 무게 중심과 균형을 정리하였다.
- 《포물선의 구적법》: 포물선으로 둘러싸인 영역의 넓이를 오늘날의 적분법과 비슷한 방법으로 구하였다.
- 《오스토마키온》: 아르키메데스의 상자라고도 불리는 오스토마키온(ostomachion)은 칠교와 같이 정사각형을 여러 개의 도형으로 분할한 퍼즐이다.
- 《아르키메데스의 가축 문제》: 일종의 디오판토스 방정식 문제인 가축 문제를 만들었다. 이 부정방정식의 해는 매우 큰 수로, 아르키메데스는 동시대의 수학자 아폴로니우스에게 이 문제를 처음으로 제시하였다.
- 《모래알을 세는 사람》: 해변에 있는 모래알의 개수와 같은 매우 큰 수를 10,000의 거듭제곱으로 나타내는 방법을 정리하였다.
- 《방법》: 부체, 가축 문제, 모래알을 세는 방법 등이 수록된 저서이다.
- 《보조정리집》: 모두 15개의 기하학에 관한 정리가 수록되어 있으며, '구두장이의 칼(아벨로스)'과 '소금그릇(셀리논)' 문제가 수록되어 있다.

아르키메데스의 수학에 대한 업적은 너무 많기 때문에 여기서 모두 소개하는 것은 어렵다. 그래서 여러 가지 업적 중에서 특별히 그의 이름이 붙어 있으며 오늘날 우리도 빈번히 사용하고 있는 원주율을 소개한다.

원은 한 평면 위의 한 정점(원의 중심)에서 일정한 거리(반지름)에 있는 점들의 집합이다. 따라서 원은 반지름의 길이에 따라 크기만 달라질 뿐 모양은 모두 똑같다. 그리고 원의 둘레의 길이는 반지름의 길이에 따라 정해진다. 특히 원의 둘레의 길이와 지름은 원의 크기와 상관없이 일정한 비를 이루는데, 이 값을 원주율이라고 하고 기호 π로 나타낸다. 이 기호는 '둘레'를 뜻하는 그리스어 '$\pi\epsilon\rho\iota\mu\epsilon\tau\rho\text{o}\varsigma$'의 머리글자로 18세기 스위스의 수학자 오일러가 처음 사용했다.

반지름의 길이가 주어졌을 때 원의 둘레와 원주율 π를 구하려는 노력은 아주 오래전부터 있어 왔다. 아르키메데스도 π에 관심이 많았기 때문에 그 값을 정확하게 구하기 위하여 많은 노력을 했다. 당시에는 원의 둘레의 길이를 직접 측정하기 어려웠기 때문에 아르키메데스는 원에 내접하고 외접하는 정다각형을 이용하여 원의 둘레의 길이를 구하였다. 즉,

(내접하는 정n각형의 둘레의 길이) < (원의 둘레) < (외접하는 정n각형의 둘레의 길이)

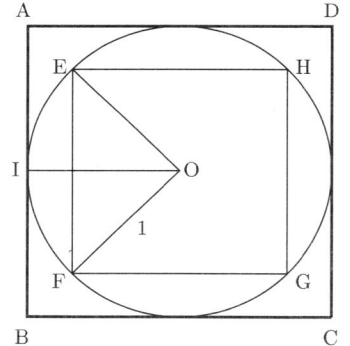

이므로 원의 둘레의 길이의 근삿값을 구할 수 있었다.

왼쪽 그림은 반지름의 길이가 1인 원에 내접하고 외접하는 정사각형을 그린 것이다. 먼저 외접하는 큰 사각형의 둘레의 길이는 $\overline{\text{OI}}$가 1이므로 다음과 같다.

$$(\square \text{ABCD의 둘레의 길이}) = 2 \times 4 = 8$$

내접하는 정사각형의 둘레의 길이를 구하기 위하여 $\overline{\text{EF}}$의 길이를 구하면 된다. 그런데 △OEF는 $\overline{\text{OE}} = \overline{\text{OF}} = 1$인 직각이등변삼각형이므로 피타고라스 정리에 의하여 다음과 같이 $\overline{\text{EF}}$의 길이를 구할 수 있다.

$$\overline{\text{EF}} = \sqrt{1^2 + 1^2} = \sqrt{2}$$

그러므로 내접하는 정사각형인 □EFGH의 둘레의 길이는 다음과 같다.

$$(\square \text{EFGH의 둘레의 길이}) = \sqrt{2} \times 4 \approx 1.4 \times 4 = 5.6$$

따라서 원의 둘레는 5.6보다는 크고 8보다는 작다고 할 수 있다. 그리고 반지름의 길이가 1인 원의 둘레는 π의 두 배이므로 π는 2.8보다 크고 4보다 작다고 할 수 있다.

오른쪽 그림과 같이 정8각형을 원에 외접하고 내접하게 그리면 참값에 조금 더 가까운 π의 근삿값을 구할 수 있다. 아르키메데스는 이와 같은 방법으로 정96각형을 이용하여 원의 넓이와 둘레의 길이를 구했고, 원주율 π의 근삿값을 다음과 같이 구하였다.

$$3.1408\cdots < \pi < 3.1428\cdots$$

아르키메데스의 이런 노력 때문에 오늘날 π를 '아르키메데스의 수'라고도 부른다.

다음은 π값에 관련된 몇 가지 역사적인 내용들이다.

- 약 150년경 : 알렉산드리아의 프톨레마이오스(Claudius Ptolemy)는 그의 명저 《수학대계》에서 π를 60진법으로 3 8' 30"으로 주었다. 이는 십진법으로 3.1416에 해당하는 값이다.
- 약 480년경 : 중국의 조충지(祖冲之)는 유리수 근삿값 $\dfrac{355}{113} = 3.1415929\cdots$를 만들었는데, 이 값은 소수 여섯째 자리까지 정확하다.
- 약 530년경 : 인도 수학자 아리아바타(Āryabhata)가 π에 대한 근삿값으로 $\dfrac{62832}{20000} = 3.1416$을 주었다. 이 결과가 어떻게 얻어졌는지 정확하게는 알려져 있지 않지만, 내접하는 정384각형의 둘레의 길이를 계산하여 얻은 것으로 추측하고 있다.

- 약 1150년경 : 인도 수학자 바스카라(Bháskara)는 π에 대한 몇 개의 근삿값을 만들었다. 그중 $\dfrac{3927}{1250} = 3.1416$은 정확한 값으로, $\dfrac{22}{7}$는 부정확한 값으로, $\sqrt{10}$은 보통의 값으로 주었는데, 첫 번째 값은 아리아바타의 결과를 활용하여 얻은 것으로 추측하고 있다.
- 1579년 : 유명한 프랑스의 수학자 비에트(François Viète)는 393216개의 변을 갖는 다각형을 이용하여 아르키메데스와 비슷한 방법으로 π를 소수 90자리까지 정확하게 계산했다. 또 다음과 같은 흥미로운 무한 곱을 발견하기도 했다.

$$\frac{2}{\pi} = \frac{\sqrt{2}}{2} \frac{\sqrt{2+\sqrt{2}}}{2} \frac{\sqrt{2+\sqrt{2+\sqrt{2}}}}{2} \cdots$$

- 1650년 : 영국의 수학자 월리스(John Wallis)는 다음과 같은 재미있는 식을 만들었다.

$$\frac{\pi}{2} = \frac{2 \cdot 2 \cdot 4 \cdot 4 \cdot 6 \cdot 6 \cdot 8 \cdots}{1 \cdot 1 \cdot 3 \cdot 3 \cdot 5 \cdot 5 \cdot 7 \cdot 7 \cdots}$$

- 1767년 : 람베르트(Johann Heinrich Lambert)는 π가 무리수임을 증명했다.
- 1882년 : 어떤 수가 유리수를 계수로 갖는 다항식의 해이면 대수적 수(algebraic number)라고 하고, 그렇지 않으면 초월수(transcendental number)라고 하는데, 린데만(F. Lindemann)은 π가 초월수임을 증명했다.

고대 사람들은 원주율을 더 정확하게 계산하려고 노력했는데, 그 이유는 원의 넓이를 정확하게 구하기 위해서였다. 그런데 그들이 여러 가지 도형의 넓이를 구하기 위하여 삼각형을 활용했음은 이미 앞에서 알아보았다. 그들은 원의 넓이도 삼각형을 사용하여 구할 수 있을 것이라고 생각했다.

원의 넓이를 정확하게 구하기 위한 여러 가지 방법 가운데 아르키메데스의 착출법(搾出法)이 있다. 착출법은 실진법(失盡法) 또는 소진법(消盡法)이라고도 하는데, 이는 어미 소의 젖에서 우유를 짜내는 것(搾出)처럼, 원의 내부를 빠짐없이 덜어내어 계산한다는 뜻이다. 원의 넓이를 구하기 위하여 원을 같은 크기의 부채꼴로 잘라낸 후 서로 엇갈리게 붙이면 점차 직사각형에 가까운 모양이 된다. 이 때, 직사각형의 가로의 길이는 원의 둘레의 반이 되고, 세로는 반지름이 된다. 따라서 원의 넓이는 (원의 둘레의 길이의 $\frac{1}{2}$)×(반지름)이다. 그런데 원의 둘레의 길이는 (지름)×(원주율)이므로

(원의 넓이)=(원의 둘레의 길이의 $\frac{1}{2}$)×(반지름)=(지름)×(원주율)×$\frac{1}{2}$×(반지름)
=2×(반지름)×(원주율)×$\frac{1}{2}$×(반지름)=(반지름)×(반지름)×(원주율)
=πr^2

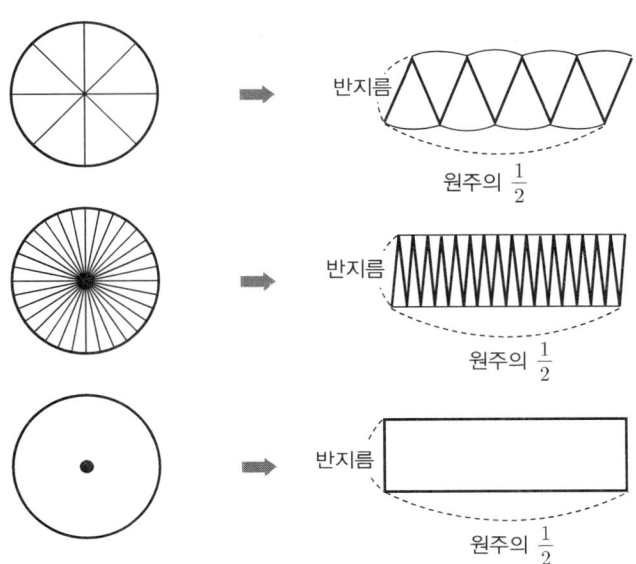

원의 넓이를 구할 수 있게 된 고대 수학자들은 원과 같이 둘레가 곡선으로 이루어진 도형의 넓이도 구하려고 노력했다. 실제로 수학자 히포크라테스(Hippocrates)가 그런 도형의 넓이를 구했다.

히포크라테스는 그리스의 키오스(Chios) 출신으로 의학의 선조로 알려진 인물과 동명이인이다. 의학의 선조 히포크라테스는 수학자 히포크라테스와 동시대 사람으로 그리스의 코스(Cos) 섬에서 태어났다. 의사였던 히포크라테스는 암이라는 무서운 질병을 '게'라는 의미의 그리스어 '카르키노스(carcinoss)'라고 처음 이름 붙인 사람이다. 암을 뜻하는 영어인 '캔서(cancer)'의 어원이 바로 카르키노스이다. 의학자 히포크라테스가 암을 카르키노스라고 이름 붙인 이유를 암세포가 게 걸음처럼 옆으로 잘 퍼지고, 암세포의 표면이 게의 껍질처럼 단단해서라고 한다.

의학에서 히포크라테스가 중요하듯이 수학에서도 히포크라테스는 아주 중요한 인물이다. 그는 처음으로 《기하학 원론》이란 책을 저술한 수학자로 알려져 있다. 비록 1세기 후에 유클리드의 《원론》에 의하여 빛을 잃기는 했지만 기하학의 공리와 공준을 처음으로 만들고 논리적인 방법으로 정리들을 전개하였다.

히포크라테스가 수학에서 중요한 인물인 두 번째 이유는 바로 '히포크라테스의 초승달' 때문이다. '히포크라테스의 초승달'은 아래 그림과 같이 직각이등변삼각형의 빗변을 지름으로 하는 반원을 이 호의 바깥쪽에 그리면 만들어지는

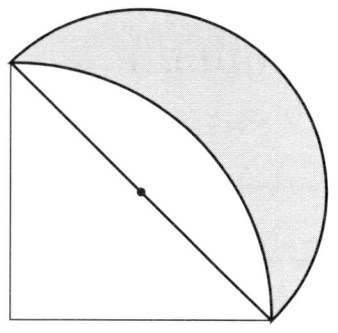
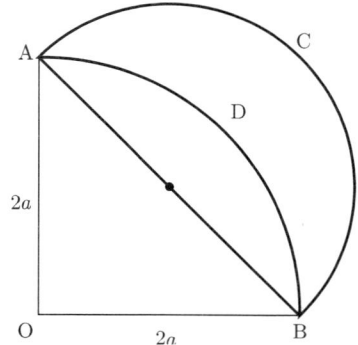

초승달 모양의 색칠된 도형이다.

앞의 오른쪽 그림과 같이 직각이등변삼각형 OBA의 두 변 OA와 OB의 길이를 $2a$라고 하고 사분원(四分圓) OBDA의 넓이를 구하자. 사분원 OBDA의 넓이는 반지름이 $2a$인 원의 넓이의 $\frac{1}{4}$이므로

$$\frac{1}{4}(2a)^2\pi = \pi a^2$$

한편 반원 ABC의 넓이를 구하기 위해서는 선분 AB의 길이를 알아야 한다. 그런데 OBA가 직각이등변삼각형이므로 피타고라스의 정리로부터 $(\overline{OA})^2 + (\overline{OB})^2 = (\overline{AB})^2$이므로 선분 AB의 길이를 다음과 같이 구할 수 있다.

$$(\overline{AB})^2 = (\overline{OA})^2 + (\overline{OB})^2 = (2a)^2 + (2a)^2$$
$$= 4a^2 + 4a^2 = 8a^2$$
$$\therefore \overline{AB} = \sqrt{8a^2} = 2\sqrt{2}\,a$$

그런데 반원 ABC의 반지름의 길이는 선분 AB의 길이의 반이므로 $\sqrt{2}\,a$이다. 따라서 반원 ABC의 넓이는

$$\frac{1}{2}(\sqrt{2}\,a)^2\pi = \pi a^2$$

그러므로 다음이 성립한다.

(사분원 OBDA의 넓이) $= \pi a^2 =$ (반원 ABC의 넓이)

'히포크라테스의 초승달'은 변이 선분으로 이루어져 있지 않은 도형의 넓이를 구한 것인데, 이 문제는 고대 사람들에게는 수학 이상의 의미가 있었다. 이를

테면, 토지 문제에 있어서 토지의 경계가 불규칙하기 때문에 토지의 넓이를 정확하게 구하는 것은 매우 어려운 문제였다. 그러나 '히포크라테스의 초승달'과 같은 도형의 넓이를 구할 수 있다면 이런 문제를 아주 간단히 해결할 수 있고, 비대칭이거나 불완전하게 보이는 것을 대칭 또는 완전하고 아름다운 형태로 바꿀 수 있다. 그래서 고대 사람들은 '히포크라테스의 초승달'을 매우 중요하게 생각했다.

이제 다음 장에서 아르키메데스와 히포크라테스 이외의 고대 그리스 수학자들에 대하여 간단히 알아보자.

그리스 수학의 황금시대

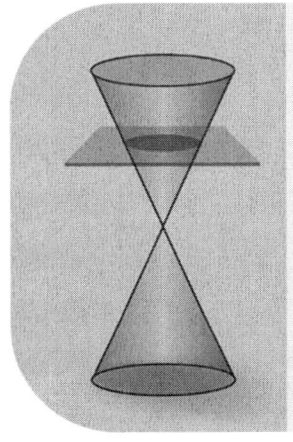

● **기원전 250년~기원후 300년경**

그리스의 황금기, 페리클레스 시대
유클리드, 아르키메데스, 아폴로니우스
원뿔곡선: 원, 타원, 포물선, 쌍곡선
메넬라우스의 구면삼각형: 유클리드 기하학이 아닌 기하학 등장
프톨레마이오스: 사인, 코사인 공식
헤론의 공식: 삼각형의 넓이를 세 변에 의해 구하기

헬레니즘 시대의 초기 한두 세기 동안에 그 시대를 포함하여 이전이나 이후의 수학자 대부분을 훨씬 뛰어넘는 훌륭한 수학자 세 사람이 있다. 유클리드, 아르키메데스, 아폴로니우스(Apollonius)가 바로 기원전 3세기의 수학에 있어서 3대 거인이다. 기원전 300년에서 기원전 200년 무렵까지를 그리스 수학의 '황금시대'라고 하는 이유는 바로 이들 때문이다. 그러나 수학의 발달은 예술과 문학보다 조금 늦었다. 그 이유는 넓은 의미에서 '그리스의 황금시대'란 기원전 5세기 중엽의 '페리클레스 시대'를 가리키기 때문이다.

아폴로니우스의 일생에 대해서 알려진 것은 거의 없지만, 아르키메데스보다 25~40세 정도 아래였다고 한다. 따라서 그가 살았던 기간은 기원전 262년에서 기원전 190년까지라고 하지만 정확하지는 않다. 헬레니즘 시대 전체에 걸쳐 알렉산드리아는 수학의 중심지였다. 아폴로니우스는 알렉산드리아에서 태어나지는 않았지만 이 도시에서 교육을 받고, 가르쳤던 듯하다. 나중에 서부 소아시아 지방에 있는 페르가몬(Pergamon)을 방문했는데, 그곳에는 알렉산드리아 대학 다음으로 큰 대학과 도서관이 있었다. 말년에 다시 알렉산드리아로 돌아왔고, 기원전 190년경에 이 도시에서 죽었다.

아폴로니우스는 수학자로서 많은 저작을 남겼지만 본래 그대로 남아 있는 것은 겨우 두 편에 지나지 않는다. 그중 하나는 그의 최고의 걸작인 《원뿔곡선》이다. 사실 이것도 그리스어로 남아 있는 것은 원작 여덟 권 가운데 첫 네 권뿐이고, 그에 이은 세 권은 다행히도 아라비아의 수학자 사비트 이븐 쿠라(Thabit ibn Qurra)가 아라비아어로 번역 출판하여 오늘날까지 남아 있다. 1710년에는 우리에게 핼리혜성으로 더 잘 알려진 영국의 천문학자 핼리가 그 일곱 권을 라틴어로 번역하였고, 그 후에 많은 언어로 번역되었다.

모두 여덟 권으로 된 《원뿔곡선》에는 약 400개의 명제가 실려 있다. 제Ⅰ권은 이 책을 쓰게 된 동기를 밝히고 있다. 아폴로니우스가 알렉산드리아에 있을 때 나우크라테스(Naucrates)라고 하는 기하학자가 그를 찾아왔는데, 실은 아폴로니우스가 《원뿔곡선》의 여덟 권을 급히 펴냈던 것은 바로 이 기하학자의 부탁에 따른 것이었다. 그 뒤에 아폴로니우스는 페르가몬에서 그 책을 다시 정리하여 마무리했기 때문에 《원뿔곡선》의 제Ⅳ권에서 제Ⅶ권까지는 페르가몬 왕 아탈루스에게 감사하는 말로 시작하고 있다.

아폴로니우스는 스스로 처음 네 권은 초보적 입문이라고 밝히고 있는데, 이것은 그 내용의 많은 부분이 이미 그 이전의 원뿔곡선에 관한 논문에 실렸던 것이기 때문이라고 생각된다. 하지만 제Ⅲ권의 몇 가지는 자신의 것이라고 분명하게 밝히고 있다. 그리고 아폴로니우스가 원뿔곡선의 본질을 넘어선다고 하는 뒤쪽 네 권은 원뿔곡선을 더욱 전문화한 것으로 보인다.

수학에서는 용어보다 개념이 중요하긴 하지만 아폴로니우스가 원뿔곡선이라고 이름을 바꾼 것은 아주 중요한 의미가 있다. 원뿔곡선이 발견되고 나서 약 100년 동안 그 곡선을 발견했을 때의 방법을 그대로 갖다 붙여 묘사하는 것 말고는 그에 맞는 독특한 이름이 없었던 것이다. 즉, '예각원뿔(oxytome)의 절단면', '직각원뿔(orthotome)의 절단면', '둔각원뿔(amblytome)의 절단면'이라 하였던 것이다. 그런데 이 곡선에 타원, 포물선, 쌍곡선이라는 이름을 만들어낸 사람이 바로 아폴로니우스였다.

타원(ellipse), 포물선(parabola), 쌍곡선(hyperbola)이라는 말은 초기 피타고라스학파가 면적에 대하여 사용한 용어로부터 따온 것이다. 피타고라스학파는 직사각형을 한 선분 위에 갖다 댈 때, 갖다 댄 직사각형의 변이 선분보다 짧으냐, 일치하느냐, 기냐에 따라 변을 각각 'ellipsis(부족하다는 뜻의 그리스어)', 'parabole(일치한다는 뜻의 그리스어)', 'hyperbole(초과한다는 뜻의 그리스어)'라고 말했다. 따라서 아폴로니우스는 그 말들을 원뿔곡선의 이름으로 새로운 의미를 붙여 사용한 것이다.

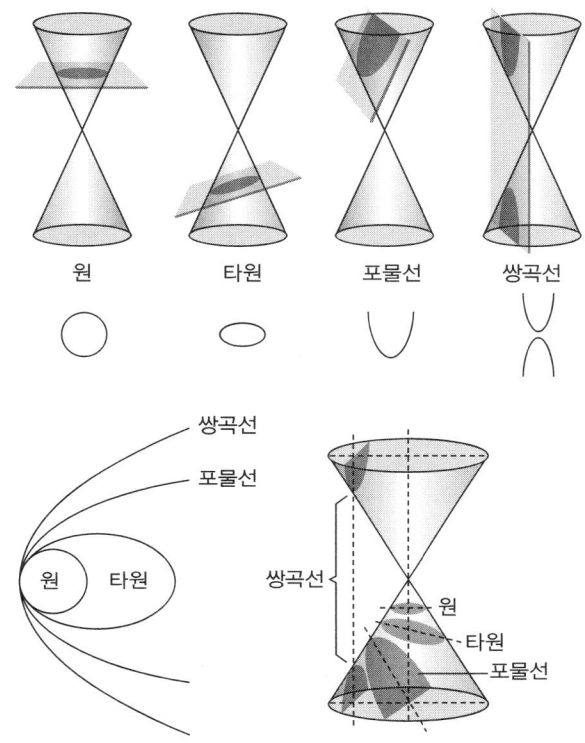

아폴로니우스 이후에 세기가 기원전에서 기원후인 서기로 바뀌며 유클리드 기하학이 아닌 기하학이 메넬라우스(Menelaus, 약 100년경)에 의하여 처음 등장한다. 메넬라우스는 세 권으로 된 《구면학》을 썼는데, 제I권에서는 '구면삼각형'을 정의한 후 유클리드가 평면삼각형에 대하여 세운 많은 명제를 구면삼각형에 대하여 세우고 있다. 특히 여기서 두 구면삼각형은 그 대응각의 크기가 같기만

하면 합동이라는 정리와 구면삼각형의 내각의 합이 180°보다 크다는 사실을 보이고 있다.

여기서 간단히 메넬라우스의 구면삼각형에 대하여 알아보자.

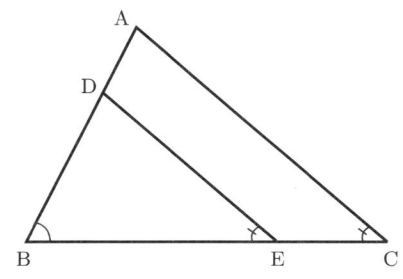

먼저 유클리드 기하학에서는 두 삼각형의 대응각의 크기가 같다면 합동이 아니라 그림과 같이 닮은 삼각형이다. 즉 △ABC는 △DBE와 두 각의 크기가 같으므로 닮은 삼각형이지만, 합동은 아니다.

하지만 구면에서는 다르다. 다음 그림과 같이 구면삼각형 ABC는 구의 중심 O로부터 같은 거리에 있는 구면 위의 삼각형이다. 그리고 ∠A = ∠A′ = α, ∠B = ∠B′ = β, ∠C = ∠C′ = γ 이지만 삼각형 A′B′C′은 삼각형 ABC보다 반지름이 작은 구면 위에 있기 때문에 합동이 아니다. 그런데 같은 구면에서 두 각의 크기가 같다면 나머지 한 각의 크기도 같게 되고, 구면의 특성 때문에 변의 길이도 같게 된다. 따라서 평면에서와는 다르게 구면삼각형은 대응하는 두 각만 같다면 합동이 된다. 자세한 증명은 쉽지 않으므로 여기서는 생략한다.

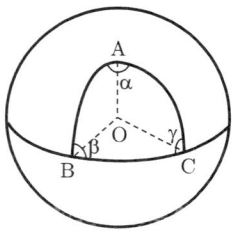 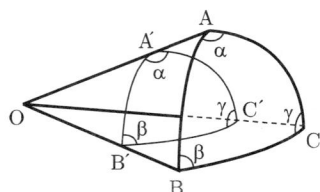

이제 구면삼각형의 세 내각의 합을 생각해 보자. 우선 구면 위에서 삼각형의 한 변을 그으면 곡선이 되고, 이 곡선을 언제나 구의 대원의 일부분으로 생각할 수 있으므로 그림과 같이 삼각형의 한 변은 구의 가운데를 가로지르는 대원의 일

부인 BC라 하자.

또 A를 구의 극점이라 하고, ∠A= α, ∠A′= α′이라 하면 α ≤ α′이다. A가 구의 극점이므로 BC와 AB는 수직이고, 마찬가지로 BC는 AC와도 수직이다. 즉, 삼각형 ABC에서 ∠B=∠C=90°이고 삼각형이 되려면 반드시 각이 세 개이어야 하므로 0 < α이다. 따라서 구면삼각형의 세 내각의 크기의 합은 180°+α이므로 180°보다 크다.

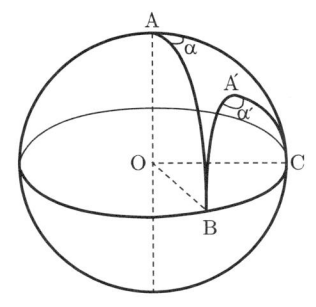

한편 각 α가 360°가 되면 삼각형을 이룰 수 없으므로 α < 360°이다. 즉 구면삼각형의 세 내각의 크기는 180°+360°=540°보다 작아야 한다. 따라서 구면삼각형의 세 내각의 크기의 합은 180°보다 크고 540°보다 작다.

유클리드 기하학은 평면 위에서 도형을 다루는 기하학이므로 삼각형의 세 내각의 크기의 합은 180°, 두 점을 잇는 최단거리는 직선, 반지름의 길이가 r인 원의 둘레는 $2\pi r$이고 평행선은 만나지 않는다.

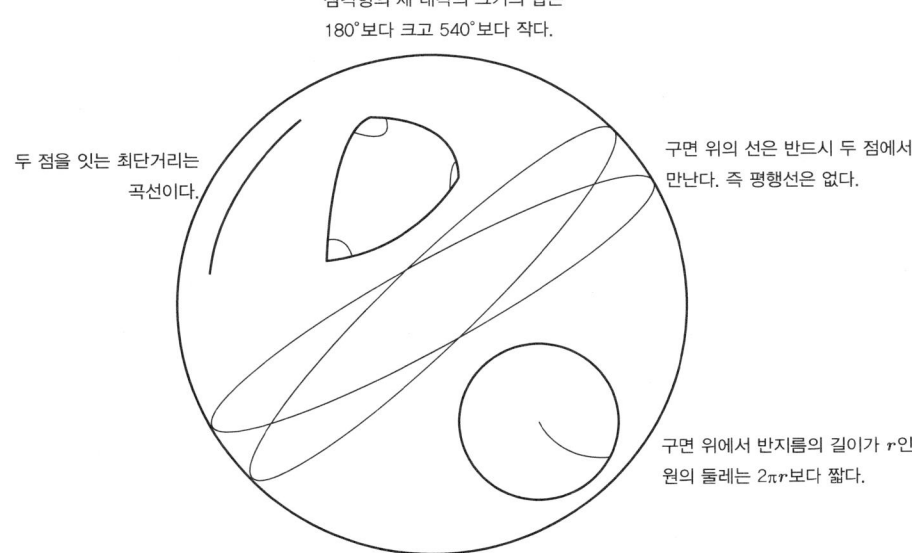

삼각형의 세 내각의 크기의 합은 180°보다 크고 540°보다 작다.

두 점을 잇는 최단거리는 곡선이다.

구면 위의 선은 반드시 두 점에서 만난다. 즉 평행선은 없다.

구면 위에서 반지름의 길이가 r인 원의 둘레는 $2\pi r$보다 짧다.

그러나 구면 위에서는 이와 같은 유클리드의 기하학이 성립하지 않는다. 즉, 앞에서 알아보았듯이 삼각형의 세 내각의 크기의 합은 180°보다 크고 540°보다 작다. 또 두 점을 잇는 최단거리는 곡선이고, 평행선은 존재하지 않는다. 그리고 반지름의 길이가 r인 원의 둘레는 $2\pi r$보다 짧다.

메넬라우스가 구면 위에서 세운 이와 같은 기하학은 그때까지 유클리드가 세웠던 기하학과는 다른 기하학이었다. 말하자면 처음으로 유클리드 기하학이 아닌 기하학이 출현한 것이다. 그리고 이 새로운 기하학은 천문학에 큰 영향을 미쳤다. 그러나 고대 전체를 통하여 천문학에서 그것보다 영향력과 중요성이 뛰어난 것은 알렉산드리아의 프톨레마이오스('톨레미'라고도 한다.)가 쓴 열세 권으로 된 《천문학 집대성》이었다. 나중에 아라비아 수학자들이 이 책을 아라비아어로 번역하는데, 위대하다는 의미로 책의 제목을 《알마게스트》라고 했다.

프톨레마이오스의 일생에 대하여도 잘 알려진 것은 없다. 단지 그가 127년부터 151년까지 알렉산드리아에서 관측을 했다는 사실로부터 태어난 해를 1세기 말로 추정하고 있다. 프톨레마이오스에 대하여 우리에게 가장 잘 알려진 것은 일명 '프톨레마이오스의 정리'이다. 프톨레마이오스의 정리는 '원에 내접하는 사각형 ABCD에 대하여

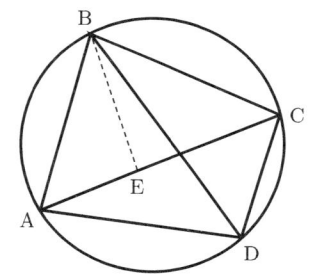

$\overline{AB} \cdot \overline{CD} + \overline{BC} \cdot \overline{DA} = \overline{AC} \cdot \overline{BD}$ 이다.' 이것은 원에 내접하는 사각형의 마주보는 변끼리 곱한 것의 합은 대각선의 곱과 같다는 것이다. 이것은 $\overline{BE}$를 ∠ABE = ∠DBC가 되도록 그을 때 삼각형 ABE와 삼각형 BCD는 서로 닮은 삼각형이 된다는 것으로부터 쉽게 얻을 수 있다.

프톨레마이오스의 더 훌륭한 정리는 삼각형의 한 변이 원의 지름이 될 때이다. 그림과 같이 삼각형 ABD에서 $\overline{AD} = 2r$이라 하면

$$2r \cdot \overline{BC} + \overline{AB} \cdot \overline{CD} = \overline{AC} \cdot \overline{BD}$$

이때, 호 $\overset{\frown}{BD} = 2\alpha$, $\overset{\frown}{CD} = 2\beta$ 라고 하면 다음을 얻는다.

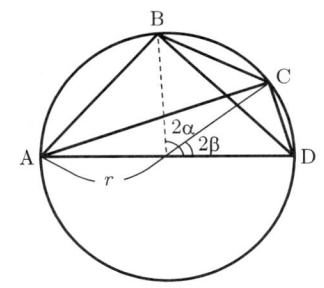

$\overline{BD} = 2r \cdot \sin\alpha, \quad \overline{BC} = 2r \cdot \sin(\alpha - \beta),$

$\overline{AB} = 2r \cdot \sin(90° - \alpha),$

$\overline{CD} = 2r \cdot \sin\beta, \quad \overline{AC} = 2r \cdot \sin(90° - \beta)$

따라서 위의 프톨레마이오스 정리로부터 다음과 같은 사인 공식과 코사인 공식을 얻는다.

$$\sin(\alpha - \beta) = \sin\alpha \cos\beta - \cos\alpha \sin\beta$$
$$\sin(\alpha + \beta) = \sin\alpha \cos\beta + \cos\alpha \sin\beta$$
$$\cos(\alpha - \beta) = \cos\alpha \cos\beta + \sin\alpha \sin\beta$$
$$\cos(\alpha + \beta) = \cos\alpha \cos\beta - \sin\alpha \sin\beta$$

그래서 오늘날 고등학교 과정에서 볼 수 있는 이 네 가지 합과 차의 공식을 '프톨레마이오스의 공식'이라고도 부른다. 프톨레마이오스는 이와 같은 방법으로 삼각함수에 대한 많은 값을 구하여 천문학에 활용했다.

이 기간에 응용수학에서 주목할 만한 또 한 사람은 바로 알렉산드리아의 헤론(Heron)이다. 그가 살았던 정확한 시대에 대해서는 의견이 분분한데 대체로 기원전 150년경부터 기원후 250년경 사이로 추측된다. 최근에 와서는 그가 약 75년경에 살았던 것으로 추정되고 있다. 수학과 물리학에서 아주 많은 업적이 있기 때문에 흔히 그를 이 분야에서의 백과사전적 작가라고 일컫기도 한다.

기하학에 관한 헤론의 작품 중 가장 중요한 것은 《측정론》으로 모두 세 권으로 되어 있는데, 이는 1896년에 콘스탄티노플에서 쇠네(R. Schöne)가 발견한 것이다. 《측정론》의 제I권은 정사각형, 직사각형, 삼각형, 사다리꼴, 그 밖의 다양한 사변형 그리고 이등변삼각형으로부터 12각형까지의 다각형, 원, 원의 일부분, 타원, 포물선과 선분으로 만들어지는 부분 등의 넓이와 원기둥, 원뿔, 구, 구면띠 등의 곡면적을 다루고 있다. 또 삼각형의 넓이를 세 변에 의해서 구할 수 있는 '헤론의 공식'을 유도하고 있다.

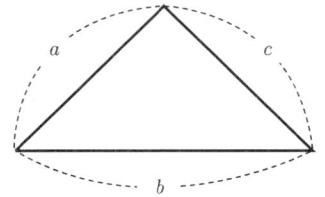

그림과 같이 세 변의 길이가 각각 a, b, c인 삼각형에 대하여 $s = \dfrac{a+b+c}{2}$ 이라면 삼각형의 넓이는 다음과 같다.

$$A = \sqrt{s(s-a)(s-b)(s-c)}$$

아라비아 사람은 그 이전에 아르키메데스가 이 '헤론의 공식'을 증명했다고 전하고 있다. 그러나 현재까지 헤론의 《측정론》에 있는 증명이 가장 오래된 것이다.

《측정론》의 제II권은 원뿔, 원기둥, 평행육면체, 각기둥, 피라미드 등의 부피와 원뿔, 피라미드, 구, 구면대(spherical segment), 원환체, 다섯 개의 정다면체, 각대(prismatoid) 등의 절두체(frustrum)의 부피를 다루고 있다. 마지막 제III권은 넓이와 부피 등을 주어진 비로 나누는 문제를 다루고 있다.

유클리드 이후의 여러 훌륭한 수학자들이 등장하여 많은 업적을 쌓았지만, 이런 훌륭한 업적에도 불구하고 당시 수학은 천문학, 지리학, 광학, 역학을 중심으로 하는 응용에 치우쳐 있었기 때문에 그리스 시대부터 물려받은 수학은 점점 쇠퇴하기 시작한다. 더욱이 로마의 콘스탄티누스 황제가 313년에 밀라노 칙령을 내려 그리스도교를 공인하면서부터 과학과 예술은 신을 위한 보조물로 변하기 시작한다. 여기에 로마인들의 실용적인 성향이 더해지며 유럽은 문명의 긴 암흑기로 접어든다. 그리고 다음 장의 이야기가 바로 유럽의 암흑기 기하학에 대한 것이다.

유럽의 암흑기

● 300년경~1000년경

동·서로마제국 분리
로마제국의 쇠퇴
테오도시우스 황제가 그리스도교를 국교로 선포하다
종교로 편입된 수학과 과학
《수학집대성》, 그리스 기하학의 총정리
파푸스, 히파티아, 프로클로스, 심플리키오, 에우토키우스
그리스에서 페르시아로 학문의 중심 이동
알렉산드리아에서 학문의 꽃이 피다

《수학집대성》 속표지

전성기를 구가하던 로마제국도 2세기말부터 서서히 기울어가기 시작했다. 정치가 극도로 혼란하여 군대가 황제를 암살하고 자기들 마음에 드는 사람을 황제로 내세우는 군인황제 시대가 출현했다. 3세기말에 이런 정치적 혼란을 평정하고 황제로 즉위한 디오클레티아누스는 로마제국의 여러 제도를 개혁하기 시작했다. 그 중 하나는 제국이 너무 넓기 때문에 4개로 나누고 두 사람의 황제와 부황제를 두어 지배하도록 했다. 또 세제 개혁으로 국고 수입을 확보했으며 중앙집권적인 관료제를 정비하였다.

이어서 즉위한 콘스탄티누스 황제는 분열된 제국을 다시 통일하고 수도를 콘스탄티노플로 옮겼다. 그는 313년 밀라노 칙령을 내려 그리스도교를 공인했는데, 황제는 민족을 초월한 보편성을 갖는 종교라 하여 그리스도교를 제국 통치에 이용하여 안정을 구축했다.

4세기 말이 되자 테오도시우스 황제는 황제의 위엄을 높이기 위해 예부터 전해져 온 로마의 여러 신들을 황제의 수호신으로 하여 황제권을 신성화했다. 또 시민의 직업선택에 대한 자유의 제한, 소작 농민을 토지에 고정 배치, 관료와 군대 조직의 정비를 통하여 강력한 전제군주제도를 확립해 나갔다. 그러나 이런 개혁은 성공하지 못했으며, 여기에 게르만 민족의 침입이 계속되어 로마의 제정은 급속도로 몰락해 갔다. 테오도시우스 황제는 혼자서 넓은 제국을 통치하는 것이 힘들다고 생각하여 죽기 전에 두 아들에게 제국을 분할해 주었다. 그래서 로마는 395년에 동서로 분열되었다. 이후 동로마제국은 1452년 오스만 투르크에 멸망할 때까지 1000여 년을 지속했으나 서로마제국은 476년 게르만 민족에게 멸망당하였다.

로마의 역사는 전쟁과 팽창의 역사였기 때문에 로마인들은 사색적이며 심미적인 분야에 관심을 갖지 않았다. 그래서 그들은 학문과 예술 분야에서는 그리스 문화를 모방하는 단계에서 벗어나지 못했고, 수학은 예전보다 더 발전하지 못하고 그리스로부터 전해내려 온 것이 전부였다. 또 그리스도교도가 된 콘스탄티누스 황제는 325년 니케아 종교회의를 소집하여 교의의 통일을 도모하고 신과 예수를 동일시했다. 이후 392년 테오도시우스 황제는 그리스도교를 로마의 국교로 선포하여 전 국민이 그리스도교 신자가 되었다. 그리하여 그리스도교는 로마제국의 거대한 정치 조직과 교회 조직을 통해 서방 세계의 보편적인 종교로 발전하였다. 이로 인하여 수학과 과학은 종교에 편입되어 수도원에 사는 성직자들의 전유물이 되어 갔다.

그러나 이런 시대에도 뛰어난 수학자가 알렉산드리아에 나타났다. 그 수학자는 알렉산드리아의 파푸스(Pappus)이다. 그는 320년경에 《수학집대성(Mathematicae Collectiones)》을 편찬하는데, 이것은 몇 가지 이유로 중요하다. 첫째, 《수학집대성》은 귀중한 수학의 역사적 기록을 제공하고 있는데 이것이 없었다면 우리는 그 역사적 사실을 알 수 없었을 것이다. 예를 들어 아르키메데스가 '아르키메데스의 입체'로 불리는 13개의 준정다면체를 발견한 사실을 알 수 있는 것은 《수학집대성》의 제5권 때문이다. 둘째, 《수학집대성》에는 유클리드, 아르키메데스, 아폴로니우스, 프톨레마이오스의 명제에 대한 다른 증명과 보조정리가 실려 있다. 셋째, 《수학집대성》에는 그 이전의 어떤 저작에도 실리지 않은 새로운 발견과 일반화가 실려 있다. 파푸스는 유클리드의 《원론》, 《자료론》, 프톨레마이오스의 《알마게스트》, 《평면천체도》 등에 대한 주석을 썼으며, 이는 그 후의 주석가들의 저작에 깊은 영향을 주었다.

《수학집대성》의 제1권 전체와 제2권의 처음 부분은 소실되었다. 이 책의 제1권은 산술을 다루었다고 알려져 있다. 제2권의 잔존하는 부분에는 10000의 거듭제곱으로 된 큰 수들의 표현과 관련된 연속 곱 체계가 설명되어 있다. 제3권은 4절로 이루어져 있는데 처음 두 절은 두 선분 사이에 두 비례중항을 끼워 넣는 문제와 더불어 평균에 관한 이론을 다루고 있고, 제3절은 삼각형에서의 부등식을 다루고 있으며, 제4절은 구에 정다면체를 내접시키는 문제를 다루고 있다.

제4권에는 피타고라스 정리에 대한 파푸스의 확장, 아벨로스(arbelos)에 관한 '고대의 명제', 아르키메데스의 나선, 니코메데스(Nicomedes, 기원전 240년경)의 콘코이드(나사선(螺絲線)이라고 한다.), 3대 작도 문제의 응용, 구 위에 그린 특별한 나선에 관한 논의 등이 실려 있다.

여기서 《수학집대성》의 제4권에 나와 있는 '구두장이의 칼'로 알려진 아벨로스에 대하여 간단히 알아보자.

구두를 만들 때 특별한 모양의 칼을 사용하게 되는데, 오른쪽 그림은 구두를 만드는 사람들이 사용하는 일명 '구두장이의 칼(shoemaker's knife)'이다. 수학에도 이 칼과 모양이 같아서 '구두장이의 칼'이라고 불리는 도형이 있다.

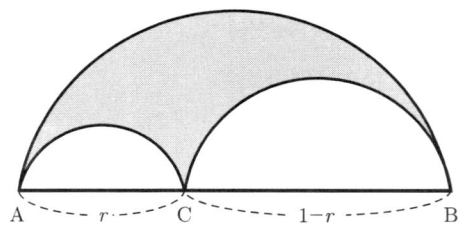

왼쪽 그림과 같이 길이가 1인 선분 AB 위에 중심이 있고 서로 접하는 반원의 호로 둘러싸인 부분이 바로 그것이며, 그리스어로 '구두장이의 칼'이라는 뜻의 단어인 '아벨로스(Arbelos)'라고도 부른다. (회색 부분이 아벨로스이다.)

이 도형에 관한 기록은 고대 그리스의 수학자인 아르키메데스의 《보조정리집》에 처음 나타나 있다. 수학자들은 오랫동안 구두장이의 칼의 여러 가지 신비한 성질을 밝히기 위해 노력해 왔으며, 오늘날까지도 구두장이의 칼에 관한 연구는 계속되고 있다.

처음 주었던 위의 그림과 같은 구두장이의 칼에 관한 여러 가지 성질 중에서 가장 먼저 세 개의 호 $\overset{\frown}{AB}$, $\overset{\frown}{AC}$, $\overset{\frown}{CB}$의 길이 사이의 관계에 대하여 알아보자. $\overline{AB}=1$이므로 호 $\overset{\frown}{AB}$의 길이는 반지름의 길이가 $\frac{1}{2}$인 원의 둘레의 길이의 반이다. 즉,

$$2 \times \pi \times \frac{1}{2} \times \frac{1}{2} = \frac{\pi}{2}$$

이다.

한편, 가장 작은 반원의 반지름은 $\frac{r}{2}$이고, 중간 크기의 원의 반지름은 $\frac{1-r}{2}$이므로 두 반원의 호의 둘레의 길이를 구하면

$$\frac{1}{2} \times \left(2 \times \pi \times \frac{r}{2} + 2 \times \pi \times \frac{(1-r)}{2} \right) = \frac{\pi}{2}$$

이다. 따라서 $\overset{\frown}{AB} = \overset{\frown}{AC} + \overset{\frown}{CB}$임을 알 수 있다. 즉, 큰 원 안에 내접하는 작은 원 두 개를 그리면 반지름의 길이에 관계없이 항상 큰 원의 둘레의 길이와 내접하는

작은 원 두 개의 원의 둘레의 길이의 합이 같다.

구두장이의 칼의 여러 가지 성질 중에서 다음에 소개하는 두 가지는 그만큼 중요하기도 하고 흥미롭기도 하기 때문에 고대의 유명한 수학자인 아르키메데스와 파푸스의 이름이 붙었다. 여기서는 증명 없이 내용만 간단히 소개한다.

1. 아르키메데스의 쌍둥이 원

오른쪽 그림과 같이 구두장이의 칼의 두 호 $\overset{\frown}{AC}$, $\overset{\frown}{CB}$ 와 $\overline{CH}$ 에 접하는 두 원을 각각 O_1, O_2 라 하면, 두 원 O_1, O_2 는 합동이고 지름은

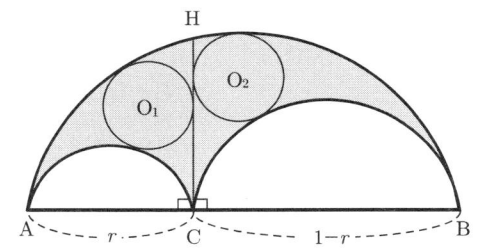

$$\frac{\overline{AC} \cdot \overline{CB}}{\overline{AB}} = r(1-r)$$

이다. 구두장이의 칼에서 두 원 O_1, O_2 를 '아르키메데스의 쌍둥이 원'이라고 하며, 이 '아르키메데스의 쌍둥이 원'에 동시에 외접하는 원은 $\overline{CH}$ 를 지름으로 하는 원 O와 합동이 되어 구두장이의 칼의 넓이와 같게 된다. 이때 두 원 O_1, O_2 의 중심의 좌표는 피타고라스의 정리를 이용하여 구하면 각각 다음과 같다.

O_1의 중심의 좌표$=(\frac{1}{2}r(1+r), r\sqrt{r-1})$,

O_2의 중심의 좌표$=(\frac{1}{2}r(3-r), (1-r)\sqrt{r})$

2. 파푸스의 원

구두장이의 칼에 접하는 원을 다음 왼쪽 그림과 같이 계속 그려서 원의 이름을 왼쪽부터 차례로 C_1, C_2, C_3, …라 하고 이들의 반지름의 길이를 각각 r_1,

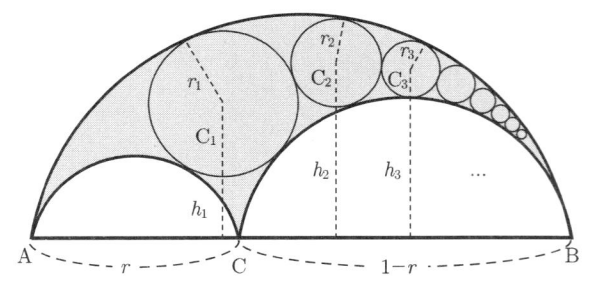

r_2, r_3, …라고 하자. 또 각 원의 중심에서 큰 원의 지름에 이르는 거리를 차례로 h_1, h_2, h_3, …라 하면 $h_n = 2nr_n$이 성립한다. 이 그림에서 연속으로 그려져 있는 원을 '파푸스의 원'이라고 한다.

다시 《수학집대성》에 대하여 알아보자.

《수학집대성》의 제5권은 주로 동일한 크기의 둘레를 갖는 도형의 넓이나 동일한 크기의 겉넓이를 갖는 입체의 부피를 비교하고 있다. 특히 앞에서도 밝힌 것과 같이 아르키메데스의 13개의 준정다면체에 대한 파푸스의 참고문을 볼 수 있다. 또 제6권은 천문학에 관한 내용으로서 프톨레마이오스의 《알마게스트》의 입문서 역할을 하는 논문을 싣고 있다.

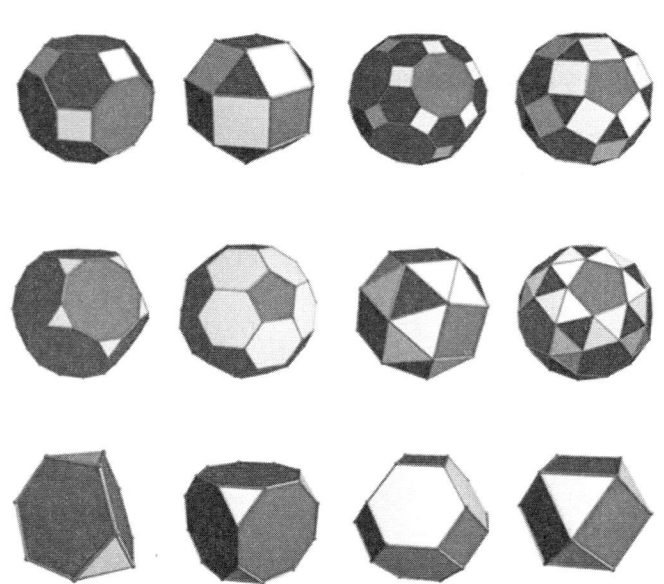

준정다면체

제7권은 역사적으로 매우 중요하다. 왜냐하면 유클리드의 《원론》이후에 전문 수학자를 위한 필요한 자료를 모은 《해석학의 보고(The Treasury of Analysis)》를 이루는 작품에 대한 설명을 주고 있기 때문이다. 12편의 논문이 이곳에서 논의되고 있는데, 유클리드의 〈보조론〉, 〈계론〉, 〈곡면 자취론〉, 아폴로니우스의 〈원추곡선론〉, 〈비례절단에 관하여〉, 〈공간절단에 관하여〉, 〈일정한 절단에 관하여〉, 〈접촉론〉, 〈삽입론〉, 〈평면자취론〉, 아리스타에우스(Aristaeus)의 <공간자취론>, 에라토스테네스의 〈평균에 관하여〉 등이다.

제7권에서 파푸스는 한 점에서 방사된 네 개의 반직선이 두 횡단선과 만날 때, 그 대응교점을 각각 A, B, C, D와 A′, B′, C′, D′이라고 하면 두 복비 (AB, CD)와 (A′B′, C′D′)은 같다는 것을 증명했다. 여기서 일직선 위에 있는 네 점 A, B, C, D의 복비(cross ratio) (AB, CD)는 $\dfrac{\frac{AC}{CB}}{\frac{AD}{DB}}$ 로 정의된다. 일직선 위에 있는 네 점의 복비는 사영(射影, projection) 아래서 보존된다는 것이다. 이것이 바로 또 다른 기하학의 하나인 사영기하학의 기본 정리이다.

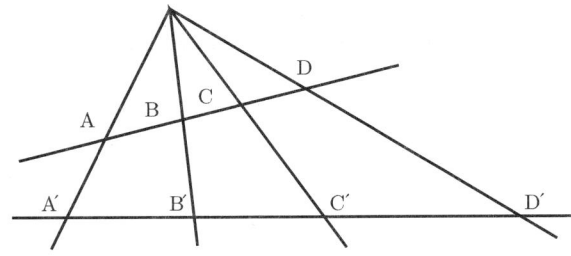

제8권은 파푸스 자신의 많은 독창적인 내용을 담고 있는데, 특히 다섯 개의 점이 주어질 때 이를 지나는 원뿔곡선을 작도하는 문제의 해가 실려 있다.

파푸스 이후의 그리스 수학은 생동감 넘치는 연구에 막을 내린 채 몇몇 소수의 작가나 주석가에 의해서 그 이전의 작품을 기억해내고 영속시키는 작업만이 진행되었다. 그중에서 알렉산드리아의 테온과 그의 딸이자 최초의 여성수학자로 알려진 히파티아가 뛰어났으며, 프로클로스, 심플리키오, 에우토키우스 등이 있었다. 4세기 말에 살았던 테온은 프톨레마이오스의 《알마게스트》에 대한 11권으로 된 주석집을 썼다. 히파티아는 디오판투스의 《산학》, 아폴로니우스의 《원뿔곡선론》에 대한 주석집을 쓴 것으로 기록되어 있다.

프로클로스(Proclus)는 우리에게 전해지지 않은 역사적인 중요한 저작들의 정보를 제공하고 있다. 그 중 에우데무스의 4권으로 된 《기하학의 역사》와 게미누스(Geminus)의 《수리과학의 이론》, 플라톤의 《국가론》에 대한 주석이 있다. 그는 485년 75세로 아테네에서 세상을 떠난 것으로 알려져 있다.

또 한 사람은 아리스토텔레스에 관한 주석가인 심플리키우스(Simplicius)이다. 그는 안티폰(Antiphon)의 원적의 문제에 관한 시도, 히포크라테스의 활꼴, 에우독소스가 태양계의 행성의 운동을 설명하기 위하여 발명한 동심구 체계에 대한 설명을 우리에게 전해 주고 있다. 그는 또 유클리드의 《원론》의 제I권에 대한 주석도 썼는데, 그것으로부터 나중에 아라비아 발췌본이 만들어졌다. 심플리키우스는 6세기 초반에 살았으며, 알렉산드리아와 아테네에서 공부했다. 심플리키우스와 동시대에 살았던 에우토키우스(Eutocius)는 아르키메데스의 《구와 원기둥에 관하여》, 《원의 측정》, 《평면평형에 관하여》와 아폴로니우스의 《원뿔곡선》에 대한 주석을 썼다.

529년 말에 이르러 그동안 그리스도교인의 반대에 끝까지 저항해 오던 아테네 학교가 결국 유스티니아누스 황제의 명령에 의하여 영원히 문을 닫았다. 심플리키우스를 비롯한 많은 학자들은 페르시아로 피신하였는데, 페르시아의 코스라우 1세 왕은 그들을 기꺼이 받아들였을 뿐만 아니라 그곳에다가 '페르시아의 아테네 아카데미'로 불리는 학교를 세워 주었다. 그래서 과학의 씨앗이 유럽의 그리스에서 소아시아의 페르시아로 넘어가게 되었고, 그 이후에도 수학과 과학은 이슬람교도의 후원 아래 아라비아에서 번성하게 되었다.

　알렉산드리아에 있던 학교는 그대로 그리스도교인 밑에서 아테네 학교보다는 좀더 나은 대접을 받았다. 그러나 641년에 알렉산드리아가 아라비아인들의 손에 넘어간 후 알렉산드리아 학교는 얼마 동안 부분적으로 존속하기는 했지만 끝내 아라비아인들은 그리스도교의 유산에 불을 지르고 말았다. 그리하여 길고 긴 영광의 그리스 수학의 역사가 막을 내리게 되었다.

　유럽이 점점 쇠퇴하는 반면에 소아시아 지역에서는 페르시아가 새로 탄생한 종교인 이슬람교를 바탕으로 번성하여 세계사를 바꾸기 시작하였다. 다음 장에서는 고대 그리스의 기하학을 잘 보존하고 있던 중세 아라비아의 기하학에 대하여 알아보자.

아라비아의 기하학

오마르 하이얌

● 600년경~1200년경

610년 마호메트 이슬람교 창시
이슬람 제국 번성
학문의 후원자: 알 만수르, 하룬 알 라시드, 알 마문
그리스 학문을 아라비아로 번역하면서 이슬람 문명이 유럽으로 전파되다
인도-아라비아 숫자
알 콰리즈미의 알고리즘
오마르 하이얌의 삼차방정식의 기하학적 해법
수학 용어의 어원: 알지브라, 사인, 코사인, 탄젠트

6세기 중엽을 지나며 메소포타미아에서는 페르시아와 비잔틴 제국의 싸움이 심해지자 동서 교역로가 매우 불안정해졌다. 그래서 그 지역을 거치지 않고 홍해 연안인 헤자즈로부터 아라비아 해에 이르는 새로운 교역로가 열리며 메카와 같은 도시가 급성장하게 되었다.

메카에서 태어난 마호메트는 여섯 살 때 부모를 모두 잃고 할아버지와 숙부 밑에서 자라다가 25세에 15세 연상인 부유한 상인의 미망인 카디자와 결혼하여 사업가로 성공을 거두었다. 40세에 마호메트는 메카 근교의 동굴에서 자주 명상에 잠겼는데, 어느 날 천사 가브리엘을 통하여 알라의 계시를 받았다고 주장하며 610년에 유일한 절대신 알라를 모시는 이슬람교를 창시했다.

그는 약 10년 동안 메카에서 전도하였는데, 622년에 그의 목숨을 노리는 음모 때문에 메디나로 옮겼다. 사실 메디나의 원래 이름은 야스리브였는데, 마호메트의 이 탈출이 이슬람 시대의 막을 여는 것이었다. 그래서 나중에 이 도시의 이름이 야스리브에서 '예언자의 마을'이란 의미의 메디나로 바뀌게 된다. 아울러 이슬람 시대의 개막은 수학 발전에 큰 영향을 미치게 된다. 630년 이슬람교도는 교역을 둘러싸고 대립 관계에 있던 메카를 점령했는데 이로써 이슬람교의 영향은 아라비아 반도 전체에 미치게 되었다. 이슬람교를 중심으로 한 아라비아 부족 연합체가 아라비아 세계의 기초가 된 것이다.

632년에 비잔틴 제국을 토벌하는 계획을 짜던 중에 마호메트가 메디나에서 숨을 거두자 이슬람교단은 분열의 위기에 빠졌다. 그러나 이슬람교단은 평화로운 방법으로 신의 사도인 마호메트의 대리자이자 후계자인 칼리프를 선출하였다. 이 시대에 아라비아 군대는 시리아와 이집트를 정복했으며 옛 페르시아를 무너뜨렸다. 특히 세계 수학의 중심지였던 알렉산드리아가 641년에 함락되었는데, 당시 이 도시를 점령한 칼리프 우마르는 유클리드 때부터 시작된 유서 깊은 알렉산드리아 도서관을 파괴할 것을 명했다.

이슬람교도였던 우마르의 논리는 간단했다. 만약 알렉산드리아 도서관에 코란에 적대적인 책이 있다면 그것은 이단이므로 없애야 한다. 만약 알렉산드리아 도서관에 코란의 가르침과 일치하는 책이 있다면 그것은 이미 우리가 가지고 있으므로 없애도 된다. 따라서 알렉산드리아 도서관에 있는 모든 책은 없애야 한다. 이와 같은 논리를 편 우마르에 의하여 고대 그리스의 방대한 지식은 불타고 말았다. 일설에 의하면 도서관의 책은 알렉산드리아 대중목욕탕의 물을 데우는데 사용했고 모두 태우는데 6개월이 걸렸다고 한다. 하지만 이것은 과장된 이야기이다.

초기 이슬람 제국의 처음 한 세기 동안은 과학적 성과가 거의 없었고, 약 650년부터 750년까지의 수학의 진보는 최악의 상태였다. 아라비아 사람들에게 아직 지적 활력이 없었고, 다른 나라의 학문에 대한 태도와 관심이 거의 없었기 때문이다.

한편 이슬람교단은 칼리프가 마호메트의 정치적 권한을 이어받은 자이며, 교의는 교도 전체가 함께 정해야 한다고 주장하는 수니파와 제4대 칼리프인 마호메트의 조카 알리가 종교와 정치의 모든 권한을 물려받은 지도자이며, 알리가 암살당한 후는 그 12대 자손인 이맘이 정통 지도자임을 주장하는 시아파로 분열된다.

661년 정통 칼리프인 제4대 칼리프 알리가 암살되자 라이벌이었던 시리아 총독 무아위야가 시리아의 다마스쿠스에서 스스로 칼리프라 칭하며 옴미아드 왕조를 세웠다. 그러나 시아파의 반체제운동으로 혼란에 빠지자 750년에 아부 알 아바스가 이란인의 반체제운동을 이용하여 정권을 빼앗고 아바스 왕조(Abbaids Dynasty)를 세웠다. 아바스 왕조는 모든 이슬람교도는 평등하다고 하며 이슬람법에 의한 통치시대를 열며 제국으로 성장하였다. 751년에는 중앙아시아의 타라스 강 유역에서 중국의 당나라 군대를 물리치고 실크로드로 진출했으며, 이 싸움에서 당나라의 종이 만드는 기술자가 포로로 잡혔기 때문에 종이 제조법이 동양에서 이슬람 세계로 전해졌다.

아바스 왕조는 수도를 바그다드로 정했다. 왕국은 바그다드로부터 이란 고원, 아라비아 반도, 시리아, 이집트, 북아프리카, 이베리아 반도, 인도양까지 세력을 확장해 갔다. 아바스 왕조의 전성기인 제5대 칼리프 하룬 알 라시드 시대의 전설이라고 전해지는 《아라비안나이트》에는 '하룬 알 라시드의 이름과 영광이 중앙아시아의 언덕으로부터 북유럽 숲속에 이르기까지 또 마그리브(북아프리카) 및 안달루시아(이베리아 반도)로부터 중국, 달단(타타르, 유목민족) 주에까지 미친 시대'라는 글이 적혀 있을 정도이다.

8세기 후반인 이 시대에 이슬람 세계의 갑작스런 문화적 깨달음이 없었다면 틀림없이 더 많은 고대 수학과 과학이 없어졌을 것이다. 당시 바그다드에는 유대인이나 그리스도교를 포함하여 시리아, 이란, 메소포타미아 등 전 세계 각지의 학자가 초대되었다. 그리고 아바스 왕조의 알 만수르(al-Mansur), 하룬 알 라시드

(Haron al-Raschid), 알 마문(al-Mamun)이라는 위대한 학문의 후원자의 활동에 힘입어 바그다드는 제2의 알렉산드리아가 되었다.

　아라비아 사람들이 그리스의 수학과 과학에 눈을 돌리고, 예전의 책들을 아라비아어로 번역하기 시작한 것은 하룬 알 라시드부터였다. 유클리드의 《원론》은 하룬 알 라시드 시대부터 아라비아어로 번역되기 시작하였으며, 알 마문 시대에 완성되었다. 알 마문은 프톨레마이오스의 《알마게스트》를 포함하여 구할 수 있는 모든 그리스 책을 아라비아어로 번역하기 시작했다. 그는 바그다드에 '지혜의 집'을 세웠는데, 그 교수진에는 수학자이자 천문학자인 무하마드 이븐무사 알 콰리즈미(Mohammed ibn-Musa al-Khwarizmi, 780~850)도 있었다.

　알 콰리즈미는 우리에게 《복원과 축소의 과학(Al-jabr wál muqâbalah)》으로 유명한 아라비아의 대표적인 수학자이다. 알 콰리즈미의 이 책에는 그리스적인 성격이 있지만 처음 나오는 기하학적 증명에는 고전적인 그리스 수학과 공통점이 거의 없다. 예를 들어 보자.

　방정식 $x^2 + 10x = 39$의 해를 구하기 위하여 그는 기하학을 이용했다. 그림과 같이 한 변의 길이가 x인 정사각형의 네 변에 각각 나비가 $\frac{5}{2}$인 직사각형 A, B, C, D를 덧붙인다. 그런데 점선으로 표시된 큰 정사각형을 완성하려면 네 구석에 각각 넓이가 $\frac{25}{4}$인 작은 정사각형 4개를 더해야 한다. 따라서 큰 정사각형을 완성하기 위해서는 $\frac{25}{4} \times 4 = 25$를 더하여 그 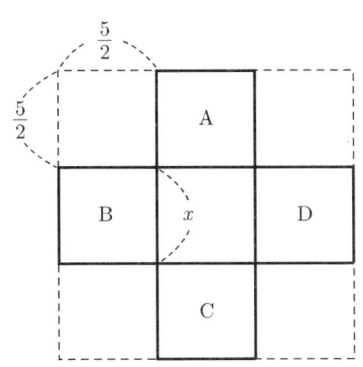 결과로써 큰 정사각형의 전체 넓이 $39 + 25 = 64$를 얻는다. 그러므로 큰 정사각형의 한 변의 길이는 8이고, 이것으로부터 $\frac{5}{2}$의 2배인 5를 빼면 $x = 3$이 된다.

　14세기 이슬람의 역사학자 이븐 파들란(Ibn Fadlan)은 '그리스도교도는 널

빤지 한 장도 지중해에 못 띄운다.'라고 했다. 이 말에서 알 수 있듯이 7세기에서 16세기까지 이슬람교도는 문화나 문명적으로 보아 유럽의 가톨릭 세계에 비하여 절대적인 우위에 있었다. 유럽에서 도시다운 도시가 성장한 것은 11세기 이후의 일로 그전까지 유럽은 그저 소박한 농업 지역이었다. 11세기 이후 아라비아어 책들은 라틴어로 번역되어 이슬람 문명이 유럽에 전파되면서 유럽은 서서히 암흑기를 빠져나오게 된다. 더불어 십자군 전쟁으로 이슬람 문화를 접하게 되면서 유럽은 빠르게 각성하기 시작한다.

일반적으로 아라비아는 고대 그리스의 여러 가지 업적을 아라비아어로 번역하여 후대에 전해 주는 역할을 한 것으로만 알려져 있으나 아라비아 세계에서도 알 콰리즈미와 같은 훌륭한 수학자가 있었을 뿐만 아니라 알 콰리즈미 이후에도 뛰어난 수학자들이 등장한다. 그중에 한 명이 오마르 하이얌(Omar Khayyám, 약 1050~1123)이다. 삼차방정식에 대한 일반적인 대수적 해법은 16세기에 이탈리아 수학자들에 의하여 이루어졌다. 그러나 삼차방정식의 기하학적 해법은 거의 11세기 후반에 시인이자 수학자인 오마르 하이얌에 의하여 처음 소개되었다.

사실 오마르를 포함한 아라비아 사람들은 기하학보다 대수학과 삼각법에 더 관심이 있었다. 그러나 기하학 중에서 예외가 있었는데, 그것은 유클리드의 평행선공준의 증명에 관한 것이었다. 오마르는 아리스토텔레스가 기하학에 운동의 개념을 도입하는 것을 반대했다는 것을 근거로 이 공준을 증명하려 했다. 그는 두 변의 길이가 같고, 두 변 모두 밑변에 수직인 사각형에서 시작하여 사각형의 위쪽의 다른 두 각을 조사했다. 그리고 그 각은 당연히 서로 같다는 것을 알았다. 물론 여기에는 세 가지 가능성이 있다. (1) 예각 (2) 직각 (3) 둔각 가운데 하나일 것이다. 여기서 오마르는 아리스토텔레스가 제시한 원리, 곧 수렴하는 두 직선이 만나야 한다는 원리에 바탕을 두고 가능성 (1)과 (3)을 제외했다. 이것도 또한 오늘날의 유클리드의 평행선공준에 해당하는 가정이다.

특히 오마르는 16세기에 유럽에서 삼차방정식의 대수적 해법이 나오기 전에 기하학적 방법을 이용하여 삼차방정식의 해법을 얻었다. 우선 세 실수 a, b, c에 대하여 이차방정식 $ax^2 + bx + c = 0$ $(a \neq 0)$의 근은 다음과 같은 근의 공식으로 구할 수 있다.

$$x = \frac{-b \pm \sqrt{b^2 - 4ac}}{2a}$$

그러나 삼차방정식은 이와 같이 간단히 구할 수 없다.

세 실수 p, q, r에 대하여 삼차방정식 $y^3 + py^2 + qy + r = 0$에서 $y = \left(x - \dfrac{p}{3}\right)$라 하고 $a = \dfrac{1}{3}(3q - p^2)$, $b = \dfrac{1}{27}(2p^3 - 9pq + 27r)$이라 하면 주어진 삼차방정식은 표준형 $x^3 + ax + b = 0$의 꼴로 나타낼 수 있다. 표준형의 각 항의 계수 a, b에 대하여 A, B를 다음과 같다고 하자.

$$A = \sqrt[3]{-\frac{b}{2} + \sqrt{\frac{b^2}{4} + \frac{a^3}{27}}}, \quad B = \sqrt[3]{-\frac{b}{2} - \sqrt{\frac{b^2}{4} + \frac{a^3}{27}}}$$

그러면 허수 단위 $i = \sqrt{-1}$에 대하여 삼차방정식의 표준형 $x^3 + ax + b = 0$의 3개의 근 x_1, x_2, x_3는 각각 다음과 같다.

$$x_1 = A + B, \quad x_2, \ x_3 = -\frac{1}{2}(A + B) \pm \frac{i\sqrt{3}}{2}(A - B)$$

이렇게 복잡한 삼차방정식의 해법을 오마르는 기하학적인 방법으로 해결했다.

세 실수 a, b, c에 대하여 삼차방정식 $x^3 - cx^2 + b^2x + a^3 = 0$에 대한 오마르의 기하학적인 해법을 알아보자. 이 방법은 어렵게 보이지만 식만 복잡할 뿐 생각만큼 어렵지는 않다. 그냥 주어진 차례대로 확인만 하면 된다. 주어진 삼차방정식 $x^3 - cx^2 + b^2x + a^3 = 0$은 $x^3 + b^2x + a^3 = cx^2$과 같으므로 $x^3 + b^2x + a^3 = cx^2$의 해를 구하면 된다.

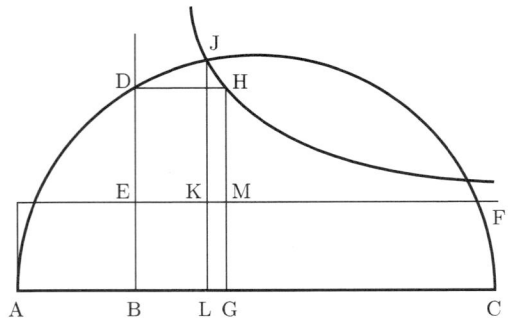

위 그림과 같이 세 실수 a, b, c에 대하여 $\overline{AB} = \dfrac{a^3}{b^2}$과 $\overline{BC} = c$인 세 점 A, B, C를 한 직선 위에 잡은 후 $\overline{AC}$를 지름으로 하는 반원을 그린다. 점 B에서 $\widehat{AC}$로 수선을 올렸을 때 만나는 점을 D라고 하자. $\overline{BD}$ 위에 $\overline{BE} = b$인 점 E를 표시하고 점 E를 지나며 $\overline{AC}$와 평행인 직선 EF를 그린다. 이때 $(\overline{BG})(\overline{DE}) = (\overline{BE})(\overline{AB})$인 $\overline{BC}$ 위의 점 G를 구하여 직사각형 DBGH를 만든다. 또 H를 지나면서 $\overline{EF}$와 $\overline{ED}$를 각각 점근선으로 갖는 쌍곡선을 그린다. 즉 H를 지나면서 $\overline{EF}$와 $\overline{ED}$를 각각 x축과 y축으로 생각했을 때 그 방정식이 '$xy = $(상수)'인 쌍곡선을 그린다. 이 쌍곡선이 반원과 만나는 점을 J라고 하자. 또 점 J를 지나면서 $\overline{DE}$와 평행한 직선이 $\overline{EF}$와 만나는 점을 K라 하고, $\overline{BC}$와 만나는 점을 L이라고 하자. 또 $\overline{GH}$와 $\overline{EF}$가 만나는 점을 M이라 하자.

그러면 다음과 같은 차례로 $\overline{BL}$이 주어진 삼차방정식의 근임을 보일 수 있다.

① J와 H가 쌍곡선 위에 있으므로 $\overline{EK} : \overline{EM} = \overline{KJ} : \overline{MH}$ 이므로
$$(\overline{EK})(\overline{KJ}) = (\overline{EM})(\overline{MH})$$

② $\overline{ED} : \overline{BE} = \overline{AB} : \overline{BG}$ 이므로

$$(\overline{BG})(\overline{ED}) = (\overline{BE})(\overline{AB})$$

③ $\overline{EM} = \overline{BG}$ 이고 $\overline{MH} = \overline{ED}$ 이므로 $(\overline{EM})(\overline{MH}) = (\overline{BG})(\overline{ED})$ 이다. 따라서 ①과 ②로부터

$$(\overline{EK})(\overline{KJ}) = (\overline{EM})(\overline{MH}) = (\overline{BG})(\overline{ED}) = (\overline{BE})(\overline{AB})$$

④ $\overline{BL} = \overline{EK}$ 이고 $\overline{LJ} = \overline{LK} + \overline{KL}$ 에서 $\overline{LK} = \overline{BE}$ 이므로

$$(\overline{BL})(\overline{LJ}) = (\overline{EK})(\overline{BE} + \overline{KJ})$$
$$= (\overline{EK})(\overline{BE}) + (\overline{EK})(\overline{KJ})$$

⑤ ③에서 $(\overline{EK})(\overline{KJ}) = (\overline{BE})(\overline{AB}) = (\overline{AB})(\overline{BE})$ 이고 $\overline{EK} + \overline{AB} = \overline{AL}$ 이므로

$$(\overline{EK})(\overline{BE}) + (\overline{EK})(\overline{KJ}) = (\overline{EK})(\overline{BE}) + (\overline{AB})(\overline{BE})$$
$$= (\overline{BE})(\overline{EK} + \overline{AB})$$
$$= (\overline{BE})(\overline{AL})$$

⑥ ④에서 $(\overline{EK})(\overline{BE}) + (\overline{EK})(\overline{KJ}) = (\overline{BL})(\overline{LJ})$ 이므로 ⑤로부터

$$(\overline{BL})^2(\overline{LJ})^2 = (\overline{BE})^2(\overline{AL})^2$$

⑦ 원의 성질로부터 $(\overline{LJ})^2 = (\overline{AL})(\overline{LC})$ 이므로 ⑥으로부터

$$(\overline{BL})^2(\overline{LJ})^2 = (\overline{BL})^2(\overline{AL})(\overline{LC}) = (\overline{BE})^2(\overline{AL})^2$$
$$\therefore \quad (\overline{BE})^2(\overline{AL}) = (\overline{BL})^2(\overline{LC})$$

⑧ $(\overline{BE})^2(\overline{AL}) = (\overline{BL})^2(\overline{LC})$, $\overline{AL} = \overline{BL} + \overline{AB}$, $\overline{LC} = \overline{BC} - \overline{BL}$ 이므로 ⑦로부터

$$(\overline{BE})^2(\overline{BL} + \overline{AB}) = (\overline{BL})^2(\overline{BC} - \overline{BL})$$

⑨ ⑧에서 얻은 식에 $\overline{BE} = b$, $\overline{AB} = \dfrac{a^3}{b^2}$, $\overline{BC} = c$를 대입하면 다음 방정식을 얻는다.

$$b^2(\overline{BL}+\frac{a^3}{b^2})=(\overline{BL})^2(c-\overline{BL})$$

⑩ ⑨의 방정식을 전개하면 $b^2(\overline{BL})+a^3=c(\overline{BL})^2-(\overline{BL})^3$이고, 우변의 $(\overline{BL})^3$을 좌변으로 이항하면
$$(\overline{BL})^3+b^2(\overline{BL})+a^3=c(\overline{BL})^2$$

이 식에서 $(\overline{BL})=x$가 주어진 삼차방정식 $x^3+b^2x+a^3=cx^2$의 근이다.

예를 들어 $a=2$, $b=\sqrt{2}$, $c=5$라면 삼차방정식은 $x^3+2x+8=5x^2$이므로 세 근 $2, 4, -1$을 찾을 수 있다. 그런데 $\overline{BL}$은 길이이므로 음수가 될 수 없다. 따라서 이 삼차방정식의 한 근 -1은 오마르의 기하학적 방법으로는 구할 수 없게 된다. 사실 오마르 시대에는 음수는 근으로 인정하지 않았다.

수학에서 아라비아인들의 기여는 대단한 것이었다. 그러나 오마르를 비롯한 몇몇 사람을 제외하고는 대부분의 아라비아인들은 새로운 수학을 창조하지는 못했다. 그러나 그들은 중세의 암흑시대에 세계의 많은 지적 재산을 잘 관리하여 후대의 유럽인들에게 넘겨줌으로써 인류의 지적 발달과 발전에 큰 기여를 했다. 그들은 그리스의 거의 모든 저작들을 아라비아어로 번역하였으며, 동양과 서양을 이어주는 다리 역할도 하였다. 한 예로, 우리가 현재 사용하고 있는 숫자 1, 2, 3, …도 아라비아인들이 인도에서 유럽으로 전파해 준 것이다. 그래서 우리는 이 숫자를 인도-아라비아 숫자라고 한다.

아라비아인들은 고대의 지식을 중세에 전하며 여러 가지 수학적 용어를 만들어 내기도 하였다. 수학에서 사용하는 전문 용어들은 그 수가 굉장히 많은데, 그것들 중에는 원래의 뜻과는 전혀 관계없는 어원을 갖는 경우도 종종 있다. 그러나 '대수학(Algebra)'과 같이 그 용어가 뜻하고 있는 것과 유사한 것도 있다.

Algebra는 아라비아의 수학자 알 콰리즈미(al-Khowa'rizmi)의 《복원과 축소의 과학(Al-jabr wál muqâbalah)》에서 방정식과 과학의 동의어인 'al-jabr'란 단어에서 유래되었다. 또, 여러분들이 잘 알고 있는 용어인 '알고리즘(Algorithm)'은 알 콰리즈미의 책에서 유래되었는데, 그 책의 원본이 현존하지는 않지만 1857년에 그의 라틴어 번역본이 발견되었다. 그 책의 서두에

알고리트미(algoritimi)가 말하기를…

이란 말이 나오는데 이것은 알 콰리즈미의 이름이 알고리티미로 변하고 이것이 다시 알고리즘으로 변하여 지금의 알고리즘이 된 것이다. 삼각함수의 사인(sine)에 관한 것이 원래의 뜻과는 전혀 관계없이 전해진 대표적인 예인데, 그 어원은 다음과 같다.

    원주율에 대한 근삿값을 구한 6세기경에 활동한 인도 수학자 아리아바타(A'ryabhata)가 '반현(ardha'-jya')'을 '현(jha')'이라 줄여서 삼각함수 가운데 Sine을 표현하였다. Sine 함수를 의미했던 '반현'의 아라비아어의 의미는 '사냥꾼의 활의 현'이라는 뜻이다. 나중에 이것을 아라비아인들이 발음 나는 대로 'j'iba'로 사용하다가 모음을 생략하는 아라비아인들의 특성에 의하여 'jb'라고 표기하였다. 그 후에 여러 저자들이 이것을 'jaib'로 대체하였는데 이것은 '협곡' 또는 '만'이라는 뜻이었고, 이 단어를 라틴어로 번역하여 'sinus'로 사용하였다. 이것이 현재 사용하고 있는 sine의 기원이 되었다.

    또 한 가지, cosine은 처음에는 sine에 대하여 '나머지의 현(chorda residui)'으로 1120년 무렵부터 부르기 시작했다. 그 후, 1579년에는 같은 뜻으로 'sinus residuae'라고 쓰였고 1609년에는 '제2의 현'이란 뜻으로 'sinus secundus'라고 쓰이기도 하였다. 그러나 오늘날과 같은 용어에 가까운 것을 최초로 사용한 것은 영국의 건터(Gunter)로 1620년경에 co. sinus로 표기하였다. 그 후에, 존 뉴턴(John Newton)이 1658년에 'cosinus'라 썼으며, 1674년에 무어(Moore)가 cos로

쓰기 시작한 이래 지금까지 사용되고 있다.

삼각함수의 상세한 설명을 위하여 다음 그림을 보자.

반지름이 1인 원의 중심을 좌표평면의 원점과 일치시키고 현 AC를 그린다. 이때 현 AC의 반은 $\overline{AB}=a$이므로 $\sin\theta = \dfrac{\overline{AB}}{\overline{OA}} = \dfrac{a}{1} = a$이다. 즉, sine은 원의 한 현의 반, 즉 반현이다. 이것이 처음 sine을 '반현'이라고 한 이유이다. 또 그림에서 '나머지의 현' 또는 '제2의 현'은 $\overline{OB}=b$이고, $\cos\theta = \dfrac{\overline{OB}}{\overline{OA}} = \dfrac{b}{1} = b$이다.

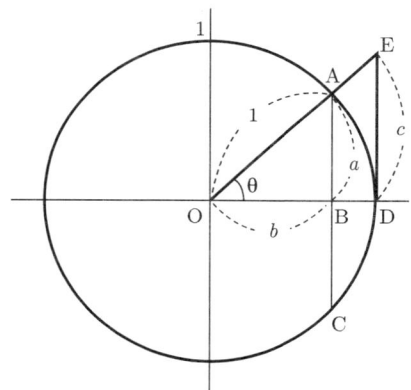

한편 그림에서 알 수 있듯이 반지름이 1인 원의 접선(tangent)은 $\overline{DE}$이다. 그런데 각 θ에 대한 접선의 길이는 c이고, $c = \dfrac{c}{1} = \dfrac{\overline{DE}}{\overline{OD}}$이다. 여기서 우리는 이 각에 대한 접선의 길이를 탄젠트라 하고 $\tan\theta = \dfrac{\overline{DE}}{\overline{OD}} = \dfrac{c}{1} = c$라 한다.

그러므로 반지름의 길이가 1인 원을 이용하여 기본적인 세 개의 삼각함수의 이름이 정해졌음을 알 수 있다.

이 장에서 우리는 중세 아라비아 기하학에 대하여 간단히 알아보았다. 이제 다음 장에서는 다시 유럽으로 무대를 옮겨 르네상스 시대의 기하학에 대하여 알아보자.

르네상스의 기하학

알베르티

● 1200년경~1500년경

봉건제와 가톨릭교회 번성으로 서유럽은 안정화되다
십자군 전쟁: 유럽 세계의 대외적 팽창
신 중심의 세계관에서 인간 중심으로 새로운 문화가 만들어지다
르네상스, 근대 문화의 토대가 되다
투시화법, 수학적 비례에 의한 완벽한 원근법
사영기하학과 원근법
알베르티의 《회화론》
브루넬리스키, 소실점

로마제국이 몰락하는 5세기 중엽부터 11세기까지를 유럽의 암흑기라고 한다. 이 기간 동안에 유럽에서 학교 교육은 없어지고, 그리스의 학문은 거의 사라졌으며, 고대 세계로부터 물려받은 많은 예술과 기술은 잊혀갔다. 단지 가톨릭 수도원의 수도사들과 몇몇 지식인들만이 그리스와 라틴 학문의 명맥을 간신히 이어갔다.

로마인들은 수학을 추상적으로 몰두하지 않고 상업이나 토목공학과 관련된 단순히 실용적인 측면에서만 연구하였다. 그나마 로마제국의 몰락과 더불어 동서 교역은 거의 정지되고, 도시건설 계획을 포기하며 수학은 침체일로에 있었다. 그래서 가톨릭 역법의 발전을 빼면 유럽에서 이 암흑시대 500년 동안 수학은 거의 아무것도 이루어지지 않았다.

9세기 서유럽은 프랑크 왕국의 내부적인 분열과 함께 북으로부터는 노르만

족, 동으로부터는 마자르족, 남으로부터는 이슬람 세력의 침략을 받아 극도의 혼란에 처하게 되었다. 이런 침입에 국왕이 제대로 대처하지 못하자 지역의 방어를 스스로 할 수밖에 없었던 주민들은 자신의 거주 지역에 성을 쌓고 주변의 유력한 성주 밑으로 들어가 이민족에 대행했다. 이에 국왕은 전국의 토지에 대한 명목상의 지배권을 가지고 있었지만 실제로는 자신의 직할령에서만 지배권을 행세했고, 지방은 각 지역의 성주들이 실질적인 지배를 하게 되었다. 그리고 이슬람 세력에게 지중해를 상실하여 다른 지역으로의 진출이 막혀 상공업은 쇠퇴하고 화폐의 유통도 제대로 이루어지지 않았다. 이런 상황에서 9~12세기 새로운 사회 질서로 보편화된 것이 봉건 제도이다.

　　봉건 제도와 가톨릭 교회의 기반 아래 서유럽은 점차 안정기로 접어들었다. 이를 바탕으로 서유럽은 적극적인 대외 팽창을 시도하게 되고, 그 결과 십자군 원정을 하게 된다. 유럽의 그리스도교도들 사이에는 그리스도의 무덤이 있는 성지 예루살렘을 순례하는 풍습이 성행하고 있었다. 그런데 이슬람 세력인 셀주크 투르크가 이들의 성지 순례를 방해하고 비잔틴 제국의 영토인 소아시아를 공격하자 비잔틴 황제는 교회의 분열 이후 대립 관계를 지속하던 로마 교황 우르반 2세에게 도움을 청한다. 이에 로마 교황이 클레르몽 공의회에서 성지 회복을 위한 원정군의 파견을 제의하여 1096년에 교황, 국왕, 제후, 기사, 상인, 농민 등 모든 세력이 참여하는 십자군이 결성된다. 이들을 십자군이라 부른 것은 로마 교황에 대한 맹세의 표시로 가슴에 십자표를 달았기 때문이었다.

　　사실 십자군 전쟁은 성지 탈환이라는 종교적인 이유도 있었지만 이것보다는 각자의 이해가 더 강하게 작용했다. 교황은 동서 교회를 통일하여 동로마제국 황제를 자신의 지배하에 두고자 했고, 왕은 동방으로 진출하여 더 넓은 땅을 확보하려 했고, 기사들은 용맹성과 전투 정신을 발휘하여 본인들의 위상을 높이고자 했고, 상인은 동방 무역의 거점을 확보하려 했고, 농민은 새로운 땅에서 새로운 일자리를 확보하는 동시에 각종 부역에서 벗어나길 원했기 때문이었다. 결국 십자군 전쟁은 성지 탈환을 위한 전쟁이라기보다는 11세기 이후 안정기에 접어든 유럽 세계의 대외적 팽창이었다.

십자군 전쟁은 약 200년 동안 진행되었으며 제1차 원정을 제외하고는 성지 회복과는 거리가 먼 약탈과 살상만을 자행했다. 특히 1202년 제4차 원정은 십자군들이 동맹인 비잔틴 제국의 콘스탄티노플을 공격했다. 그런데 수학자들에게 1202년은 특별한 해이다. 바로 이탈리아의 피사에 살던 레오나르도 피보나치가 유럽이 암흑기를 벗어나는 데 큰 역할을 한 새로운 수학을 유럽에 전하게 되는 《산반서》를 출판한 해이기 때문이다. 이 책은 유명하기도 하고 대수학적 입장에서는 매우 중요하지만 기하학적인 내용을 많이 담고 있지는 않기 때문에 여기서는 소개하지 않겠다.

11세기경부터 인구증가와 농업의 발전으로 잉여 생산물이 발생하자 상업 활동이 활기를 띠기 시작했고, 화폐가 활발히 유통되면서 교통과 상업의 요지를 중심으로 도시가 형성되었다. 이 도시에서의 교역은 초기에는 비교적 좁은 범위 내에서 이루어졌으나 십자군 원정의 영향으로 통상의 범위가 확대되면서 먼 거리까지 무역이 활발히 진행되었다. 그 계기가 된 것은 이탈리아 북부에 있는 여러 도시들이었다. 이 도시들은 십자군을 따라 아시아와 유럽의 특산물

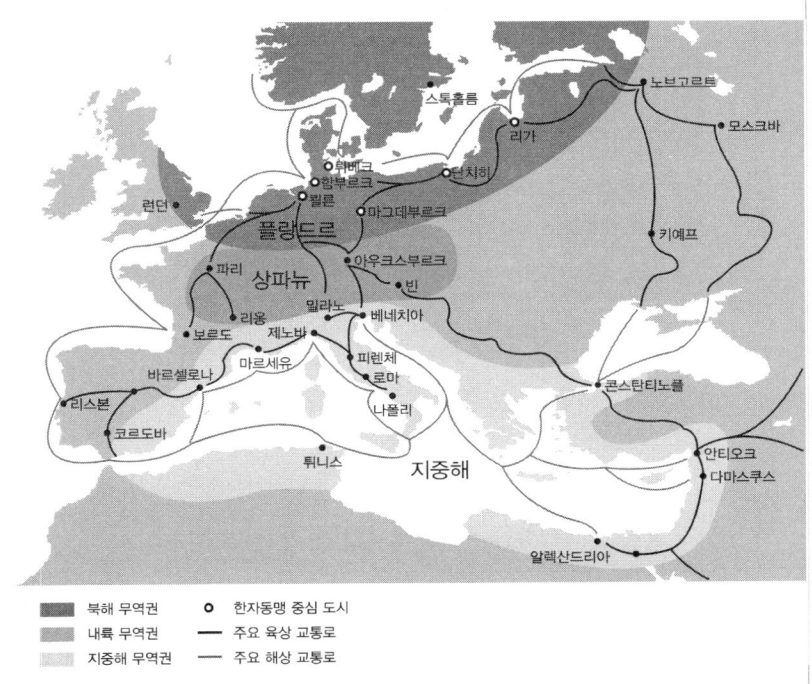

을 교환하는 지중해 무역을 장악하여 번영했다.

　　12세기가 되자 발트 해와 북해를 이용한 무역이 발달하여, 북부독일과 프랑스의 많은 도시들이 번성했다. 그리고 두 무역권의 연결로에 위치한 다뉴브 강 상류와 독일 남부의 라인 강 주변에도 많은 도시가 성장했는데, 이들 중에서 북부독일의 여러 도시들은 한자동맹을 결성하여 거의 200년 동안 북유럽 지역의 무역을 주도했다. 여기서 한자(Hansa)는 독일어로 '조합' 또는 '동료'를 의미한다.

　　13세기경 유럽에서는 상업과 공업의 발달로 화폐 경제가 발달하자 그동안 영주 밑에서 노동을 제공하던 농노들은 생산물이나 화폐로 노동을 대신하기 시작했다. 농노는 영주에게 지불해야 하는 대가를 현물이나 화폐로 대신했기 때문에 더 많은 노력을 통해 재산을 축적할 수 있었고, 영주의 각종 간섭이나 감시로부터 자유로울 수 있게 되었다. 농도들 중에서는 영주에게 많은 돈을 지불하고 예속에서 벗어나는 사람들도 등장하며 그 결과 영주와 농노의 관계는 인신적 지배 예속 관계에서 토지를 매개로 한 계약 관계로 점차 변화해 갔다.

　　발전을 거듭하던 유럽은 14세기 초에 큰 시련을 맞는다. 유럽 사회에 가뭄과 홍수가 일어나 심각한 굶주림에 시달려야 했으며, 14세기 중엽에는 유럽 인구의 1/3이 죽임을 당한 흑사병이 만연했다. 이로 인한 인구 감소와 식량 소비의 급격한 감소로 노동 임금은 상승하고 식량 가격은 하락했다. 토지는 남아돌고 농사지을 사람은 구하기 어렵게 되자 영주들은 노동력을 확보하기 위하여 농민의 처우를 개선할 수밖에 없었다. 그 결과 농민의 지위는 더욱 상승하게 되었다. 그러나 무역을 기반으로 성장한 도시들인 밀라노, 피렌체, 제노바와 같은 도시들은 영주로부터 완전히 독립하여 고대 그리스와 비슷한 도시국가를 형성하게 되었다. 이 도시들은 지중해 무역을 독점하며 막대한 부를 쌓게 되었으며, 이것을 새로운 세상을 여는 데 사용하기 시작했다.

　　새로운 세계는 오늘날 우리가 르네상스라고 부르는 시대를 말한다. 르네상스는 신 중심의 세계관을 극복하고 인간 중심의 새로운 문화를 만들어 내려는 움직임이었다. 이 운동은 14세기 초에 이탈리아에서 시작하여 독일, 프랑스, 영국 등 여러 나라로 전파되면서 각 나라마다 특색 있는 문화를 형성하게 되었다. 그 결과 개인주의, 세속주의, 합리주의를 특징으로 하는 유럽 근대 문화의 토대가 되었다.

이탈리아 북부의 부유한 도시들에서 시작된 초기 르네상스는 회화와 인문학으로부터 시작되어 사회 여러 분야에 골고루 퍼지게 된다. 이 시기에 수학도 1000년간의 침체에서 벗어나 중세를 지나 부흥의 대열에 합류하기 시작한다. 르네상스 시기의 수학을 한마디로 말하면 사영기하학(projective geometry, 射影幾何學)의 태동과 방정식의 해법, 그리고 상업을 위한 산술이다. 여기서는 사영기하학에 초점을 맞추어 알아보자.

르네상스의 선두주자는 이탈리아의 인문학자와 화가들이었다. 화가들은 중세의 평면적인 그림에서 벗어나 사실적인 그림을 그리고자 했고, 수학에서 그리스 문화의 부활은 곧 유클리드 기하학의 연구인데 수학자들의 기하학 연구와 화가들의 욕구가 맞아떨어졌다. 이른바 원근법 또는 투시화법이 탄생하게 된 것이다. 촉각을 기반으로 인식한 유클리드 기하학을 시각적으로 연구하였더니 흥미롭게도 새로운 기하학인 사영기하학이 탄생했다. 사영기하학은 도형과 이를 사영한 상(像) 또는 사상(寫像) 사이의 관계를 다루는 수학의 한 분야이다. 간단히 말하면 사영기하학은 일정한 위치에서 도형에 빛을 쏠 때 생기는 그림자를 연구하는 기하학이라고 할 수 있다.

3차원 공간을 2차원 평면에 사영시키는 방법을 간단히 알아보자. 다음 그림과 같이 3차원 공간에서 한 점은 $P(a, b, c)$와 같이 세 개의 성분 a, b, c를 이용하여 표현한다. 이때, xy평면에 수직으로 빛을 비춘다면 점 P의 그림자는 점 A$(a, b, 0)$가 된다. 또 yz평면에 수직으로 빛을 비춘다면 점 P의 그림자는 점 B$(0, b, c)$가 된다. 마찬가지로 xz평면에 수직으로 빛을 비춘다면 점 P의 그림자

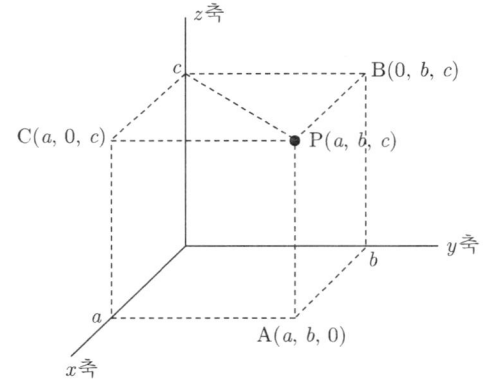

는 점 C(a, 0, c)가 된다. 즉, 점 P를 xy평면에 사영시킨 점이 점 A이고, yz평면에 사영시킨 점이 점 B이고, xz평면에 사영시킨 점이 점 C이다.

이와 같은 사영기하학은 유클리드 기하학과 몇 가지 차이가 있는데, 여기서는 평행선에 관한 것만 살펴보자.

유클리드 기하학에서는 두 평행선을 아무리 연장하여도 만나지 않지만 사영기하학에서는 평행선을 한쪽에서 바라보면 반대쪽은 시야에서 점점 멀어지며 두 직선이 서서히 좁아져서 멀리 두 직선의 끝에서 만나는 것처럼 보인다. 그래서 한마디로 말하면 유클리드 기하학이 만지는 기하학이라면 사영기하학은 보는 기하학이라고 할 수 있다.

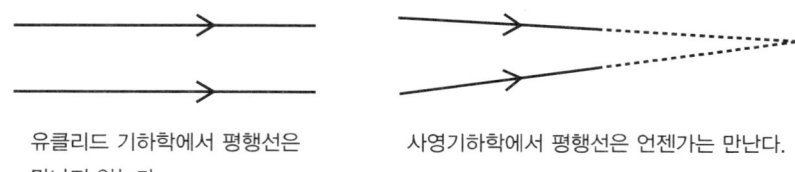

유클리드 기하학에서 평행선은 만나지 않는다.   사영기하학에서 평행선은 언젠가는 만난다.

1435년 르네상스 화가들의 교과서라고 불리는 《회화론》을 쓴 알베르티(Alberti, Leon Battista, 1404~1472)는 판넬이나 벽의 2차원 평면 위에 3차원 장면을 그리는 방법인 원근법을 처음으로 설명했다. 이 책은 즉시 이탈리아 예술에 깊은 영향을 끼쳤다. 알베르티는 그의 책에서 "나는 화가에게 가능한 한 모든 학문과 예술 분야를 고루 섭렵하라고 권하고 싶다. 그러나 그 무엇보다도 기하학을 먼저 배워야 한다. 화가는 무슨 수를 써서라도 기하학을 공부해야 한다."고 했다.

보티첼리와 같은 르네상스 화가들은 좀더 사실적인 그림을 그리기 위하여 알베르트가 주장한 것과 같이 유클리드 기하학을 공부하였고, 그 결과로 등장한 것이 원근법이다. 원근법은 말 그대로 인간의 눈으로 볼 수 있는 3차원에 있는 사물의 멀고 가까움을 구분하여 2차원의 평면 위에 묘사적으로 표현하는 회화기법을 말한다. 중세와 다르게 르네상스 시대에 원근법으로 그림을 그렸다는 사실은 인간의 지성이 발전했다는 사실이 숨어 있다.

수학적인 비례에 의한 완벽한 원근법은 투시화법이라고도 하는데, 투시화법의 최초 발견자는 교회 건물을 스케치하다가 소실점을 발견한 피렌체의 건축가 브루넬레스키(Brunelleschi, 1377-1446)였다. 소실점이란 평행한 두 직선이 계속 나아가다가 멀리 지평선 또는 수평선에서 없어지는 지점을 말한다.

원근법에서 나타나는 소실점

소실점을 이용하면 평면 위에 3차원 입체도형을 실제와 비슷하게 그릴 수 있다. 예를 들어 정육면체를 평면 위에 그릴 때, 다음 그림과 같이 입체도형이 같은 비율로 줄어들 수 있도록 세 개의 소실점 A, B, C를 잡으면 정육면체를 입체적으로 그릴 수 있다.

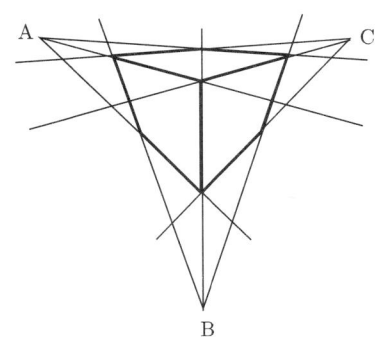
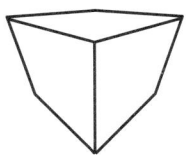

소실점을 이용하여 평면 위에 입체적으로 그린 정육면체

또 다른 예로 같은 직선 위에 있는 세 개의 소실점을 이용하여 왼쪽 그림과 같은 체스판을 입체적으로 그려보자.

평면인 체스판을 입체적으로 그리려면 같은 직선 위에 있는 세 개의 소실점을 잡아야 한다. 한 직선 l 위에 세 점 A, B, C를 잡고, 세 점에서 출발한 직선이 한 점 O에서 만나도록 세 개의 직선을 긋는다. 선분 OB 위에 점 O에서부터 B점을 향하여 일정한 비율로 줄어드는 점 $B_1, B_2, B_3, \cdots$ 를 차례로 잡는다. 점 A에서 차례로 $B_1, B_2, B_3, \cdots$ 를 지나 선분 OC와 만나는 점을 $A_1, A_2, A_3, \cdots$ 라 하고, 점 C에서 차례로 $B_1, B_2, B_3, \cdots$ 를 지나 선분 OA와 만나는 점을 $C_1, C_2, C_3, \cdots$ 라 하자. 그러면 각 선분은 일정한 모양으로 줄어드는 사각형을 만들어 낸다. 이때 만들어진 사각형에 교대로 흰색과 검은 색을 칠하면 체스판의 입체적인 모양을 얻는다.

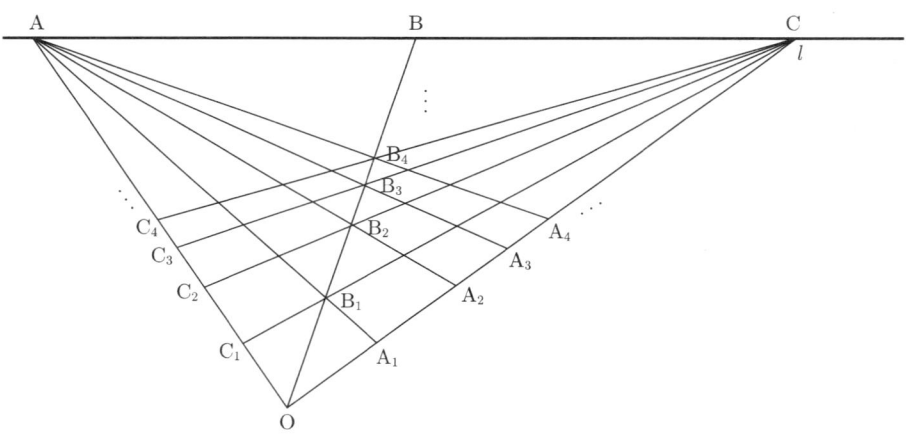

다음 그림이 바로 평면인 체스판을 위와 같은 방법으로 그린 것이다.

　중세까지만 해도 가톨릭의 영향력은 대단했다. 그때까지 서양은 가톨릭 정신의 왜곡으로 인하여 고대의 찬란했던 문화와 문명은 점점 사라져 갔고, 거의 모든 것은 오직 가톨릭을 위하여 존재할 뿐이었다. 이런 분위기에서 중세의 그림도 오직 가톨릭과 예수의 영광이 부각되도록 그려졌다. 이러한 중세의 사고방식을 바꿔, 모든 사물과 현상을 이성적이며 과학적으로 보기 시작한 것이 바로 르네상스이다.

　르네상스는 언제부터 언제까지라고 정확하게 연도를 정하여 말할 수 없다. 어떤 학자는 13세기부터 시작되었다고도 하고 어떤 학자는 15세기 중반이라고도 한다. 어쨌든 중요한 것은 르네상스로 인하여 인문주의와 예술 그리고 수학에도 큰 변화가 시작되었다는 것이다. 특히 수학은 르네상스를 거치며 유클리드 기하학적인 생각에서 벗어나려는 시도가 점점 거세지기 시작하였고, 이런 움직임으로 서서히 비유클리드 기하학이 기지개를 켜기 시작했다.

　유럽에서의 르네상스는 여러 분야에서 다양한 변화와 발전을 유도했다. 이런 변화와 발전은 당시 선진국들로 하여금 미지의 새로운 땅을 개척하게 만들었다. 그리고 기존의 유클리드적인 지도만으로는 새로운 땅을 발견한다는 것은 거의 불가능했다. 하지만 수학적인 발상의 전환이 이루어지며 먼 바다로의 항해가 가능하게 되었는데, 다음 장에서 알아볼 내용이 바로 이것에 대한 것이다.

유클리드 기하학을 넘어

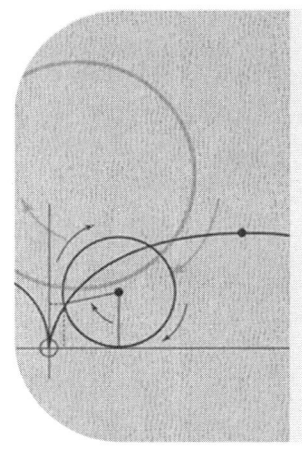

● 1450년경~1650년경

대항해 시대: 항로 개척과 탐험, 부 축적, 해외 무역, 가톨릭 전파
17세기, 수학사에서 가장 빛나는 시기
정치·경제·사회 발달에 따른 수학의 발전
지도 제작: 메르카토르도법
케플러: 행성의 운동법칙
데자르그, 파스칼: 순수기하학의 새 장을 열다

르네상스가 시작되는 15세기 초부터 유럽 사람들은 목숨을 걸고 새로운 항로를 찾기 시작했다. 새로운 항로의 개척은 비단 몇몇 사람의 호기심을 넘어 범국가적인 차원에서 지원이 이루어졌다. 유럽의 여러 나라들이 새로운 항로를 적극적으로 찾았던 이유는 다음과 같이 세 가지로 요약할 수 있다.

첫째, 당시 유럽 사람들은 동방과의 무역을 통하여 막대한 부를 축적하고자 했다. 유럽에서는 중세 말부터 비단과 향료 등 동방에서만 구할 수 있던 물건의 가격이 엄청나게 비싼데도 불구하고 대량으로 소비되고 있었다. 그런데 이런 동방과의 무역을 피사나 플로렌스와 같은 이탈리아의 여러 도시 국가와 아라비아 상인들이 독점하고 있었다. 더욱이 15세기에 오스만 트루크가 지금의 터키 지역에 강력한 국가를 건설하여 흑해 주변으로 진출하자 유럽의 여러 나라들은 동방과의 무역에 불안을 느끼게 되었고, 유럽 사람들은 서쪽의 바다를 돌아 동방으로 가는 새로운 항로를 생각하게 되었다.

둘째, 당시는 가톨릭이 유럽을 지배하고 있었는데, 유럽의 가톨릭 국가들은 미지의 세계에 살고 있는 사람들에게 가톨릭을 전파하여 가톨릭을 널리 확산시키려고 했다. 이는 당시 소아시아를 지배하고 있던 이슬람을 견제하기 위한 방법이기도 했다.

셋째, 유럽 각국의 왕들은 미지의 세계로 탐험을 떠나는 것을 적극 권장했다. 당시 유럽에서는 중앙집권 국가로 성장한 여러 나라들이 절대왕정으로 발전하는 과정에서 치열하게 경쟁했다. 각국의 왕들은 이 과정에서 필요한 막대한 경비를 해외 무역과 새로운 시장을 확보하여 해결하려고 했다.

15세기 초부터 시작하여 17세기 초까지 유럽의 배들이 세계를 돌아다니며 항로를 개척하고 탐험과 무역을 하던 이 시기를 대항해 시대라고 한다. 사실 대항해 시대라는 용어는 유럽 사람들이 자신들의 입장에서 세상을 해석하여 붙인 이름이다. 대항해 시대 동안 유럽인들은 자신들이 알지 못했던 아메리카 대륙과 같은 지리적 발견을 달성했다. 당시 유럽 사람들이 발견했다는 신대륙은 그들에게는 새로운 기회의 땅이었지만, 이미 그곳에서 살고 있던 원주민들에게는 환란의 시대였다. 대항해 시대 동안 유럽 사람들이 발견했다는 신대륙의 원주민은 무차별적으로 학살당했고, 고유한 문명은 완전히 파괴당했으며 유럽의 식민지가 되었다.

그러나 수학적으로 보아서는 많은 발전이 있었던 시기이기도 하다. 즉, 새로운 항로를 찾기 위한 노력으로 당시 유럽에서는 조선 기술의 발달, 나침반의 사용, 정확한 해도의 제작 등과 함께 천문학의 획기적인 발달로 지구가 둥근 구 모양이라는 사실을 일깨워 주었다.

대항해 시대는 포르투갈의 항해왕자 엔리케(Infante Dom Henrique)에 의하여 시작되었다. 1445년 엔리케는 아프리카 서해안을 따라 탐험하여 베르데 곶을 발견했고, 1498년에는 바스코 다 가마(Vasco da Gama)가 희망봉을 지나서 인도 서해안의 캘리컷에 도착하여 인도로 가는 항로를 열었다. 당시 유명한 탐험가로는 크리스토퍼 콜럼버스(Christopher Columbus), 바르톨로뮤 디아스(Bartolomeu Dias), 바스코 다 가마, 페드로 알바레즈 카브랄(Pedro Alvares Cabral), 바스코 발보아(Vasco Núñez de Balboa), 존 캐벗(John Cabot), 예르마크 티모페예비치(러시아어: Ермак Тимофеевич), 후안 폰세 데 레온(Juan Ponce de Leon), 페르디난드 마젤란(Ferdinand Magellan), 빌럼 바런츠(Willem Barentsz), 아벌 타스만(Abel Janszoon Tasman), 프랜시스 드레이크(Sir Francis Drake), 제임스 쿡(James Cook), 헨리 허드슨(Henry Hudson) 등이 있다. 그리고 유명하지는 않지만 그 역할을 결코 무시할 수 없는 수많은 무명 탐험가들이 있었고, 에르난 코르테스(스페인어: Fernando Cortés Monroy Pizarro Altamirano)나 프란시스코 피사로(Francisco Pizarro) 같은 탐험가를 빙자한 잔인한 정복자들도 있었다.

탐험가들 가운데 특히 콜럼버스는 지구가 둥글다고 믿었기 때문에 서쪽으로 대서양을 가로질러 가는 것이 아프리카 남단을 돌아가는 것보다 인도에 빨리 도착하는 방법이라고 생각했다. 그래서 그는 1492년에 에스파냐의 이사벨라 여왕의 후원으로 대서양을 가로질러 지금의 서인도 제도에 도착했다. 이후에도 그는 3차례의 항해를 더했으며, 동인도 제도를 거쳐서 중남미 대륙에 도착했으나 죽을 때까지 그곳을 인도라고 믿었다.

그렇다면 콜럼버스는 왜 아메리카 대륙을 인도라고 생각했을까?

콜럼버스는 지구의 둘레를 실제의 $\frac{3}{4}$으로 잘못 알고 계산했기 때문에 아메리카 대

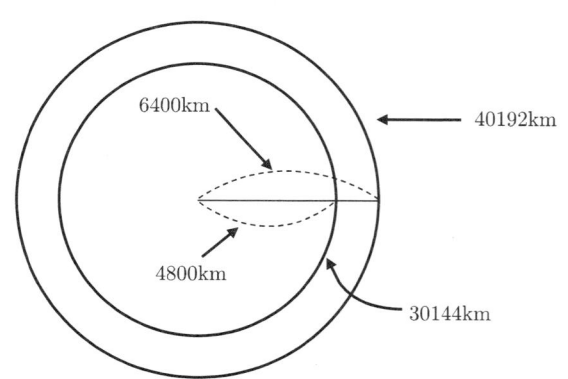

류의 존재를 깨닫지 못했고 인도에 도착했다고 생각했던 것이다. 반지름의 길이가 r인 원의 둘레는 $2\pi r$이므로 $\pi = 3.14$라 하면, 반지름의 길이가 약 6400km인 지구의 둘레는 40192km이다. 이것의 $\frac{3}{4}$이면 30144km이다.

따라서 콜럼버스는 지구의 반지름을 약 4800km로 계산한 것이다. 실제와는 1600km 차이가 나지만, 당시에는 지구가 둥글다는 생각을 하는 것만으로도 대단한 것이었다.

르네상스가 시작되며 세상을 바라보는 시각이 바뀌게 되었고, 대항해 시대가 시작되며 미지의 세계를 탐험하기 위하여 더 정확한 지도가 필요했다. 그래서 다양한 방법으로 세계지도가 제작되기 시작했는데, 그 가운데 당시 가장 획기적인 지도는 네덜란드의 지리학자 게라르두스 메르카토르(라틴어: Gerardus Mercator, 네덜란드어: Gerard de Kremer, 1512~1594)가 만든 세계지도였다. 그는 일명 '메르카토르 투영 도법' 또는 '메르카토르도법(Mercator projection)'으로 1569년에 세계지도를 제작하였는데, 이 도법은 방위를 바르게 표시하고, 항해에 편리하여 항해 도법으로도 불린다.

메르카토르

원통중심도법과 원통정적도법을 절충한 이 도법은 수학적으로 추론한 것임에 틀림없다. 경선은 간격이 일정하면서 평행한 수직선이고, 위선은 수평으로 평행한 직선으로, 적도에서 거리가 멀어질수록 간격이 더 많이 벌어진다. 메르카토르도법으로 그린 지도 위의 모든 직선이 항상 정확한 방위를 표시하므로 항해자들이 직선항로를 잡을 수 있어서 항해도에 널리 쓰인다. 그러나 적도에서 멀리 떨어진 지역일수록 축척이 왜곡

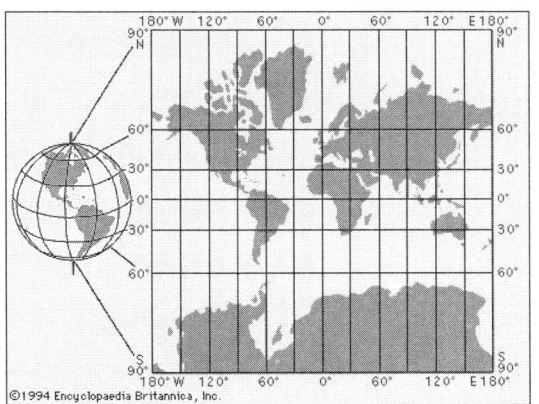

되어 균형에 맞지 않게 크게 표현되므로, 세계지도로써의 실용성은 낮다. 예를 들면 메르카토르도법에서는 그린란드의 영토가 남아메리카 대륙보다 크게 표현되지만, 그린란드의 실제 면적은 사우디아라비아보다도 작다. 따라서 적도에서 멀어질수록 축척 및 면적이 크게 확대되기 때문에 위도 80° 이상의 지역에 대해선 사용하지 않는다. 지구는 구형인 입체이기 때문에 전 지구를 평면 위에 나타내는 메르카토르도법은 결코 정확할 수 없다.

메르카토르도법은 여러 가지 문제가 있지만 수학적으로 보면 구형인 지구를 원기둥에 옮기기 위하여 유클리드의 기하학이 아닌 사영기하학을 이용해야 했다. 즉, 유클리드 기하학이 전부인 줄 알고 있었던 시기에 점점 유클리드 기하학적 생각에서 벗어나기 시작했다는 것이다.

대항해 시대에 지중해를 떠나 아메리카까지 진출한 유럽인들은 17세기에 수많은 아메리카 원주민을 학살하고 식민지를 개척했고, 유럽에서는 종교개혁 등 그 어느 때보다 복잡하고 많은 일이 일어났다. 그러나 17세기는 수학사에서 가장 빛나는 시기였다.

17세기 초반에 네이피어는 로그를 발명했고, 해리엇과 오트레드는 대수학의 기호화·체계화에 기여했고, 갈릴레오는 역학의 기초를 세웠으며, 케플러는 행성의 운동법칙을 발표했다. 17세기 후반에 데자르그와 파스칼은 순수기하학의 새로운 장을 열었고, 데카르트는 현대 해석기하학을 창시했으며, 페르마는 현대 정수론의 기초를 확립하고, 호이겐스는 확률론을 비롯한 여러 분야에서 많은 업적을 쌓았으며, 17세기 말에는 뉴턴과 라이프니츠가 수학의 새로운 장을 여는 미적분학을 만들었다.

이 시기에 발전한 수학은 당시의 정치, 경제, 사회적 발전에 기인한 것이다. 인간의 권리를 신장하려는 운동이 일어났고, 경제적 중요성을 높이는 잘 발달된 기계들이 만들어졌으며 지식의 국제화와 과학적 회의론의 풍조가 싹트고 있었다.

17세기의 수학적 활동이 이탈리아에서 프랑스, 영국 등 북방으로 옮겨 가게 된 주된 이유는 북유럽의 더 유리한 정치적 상황과 또 그곳의 난방, 조명의 발달로 긴 겨울의 추위와 어둠을 극복할 수 있었기 때문이다.

17세기의 많은 수학적 업적 중에서 여기서는 기하학에 관련된 몇 가지만 알아보자.

먼저, 케플러의 행성의 운동법칙은 천문학뿐만 아니라 수학에서도 획기적인 사건이었는데, 그의 이론을 정당화하기 위한 노력은 뉴턴의 현대적인 천체역학을 이끌어냈다. 케플러는 행성에 대한 다음과 같은 세 가지 법칙을 발표했다.

I. 행성은 태양 주위를 태양이 하나의 초점이 되는 타원궤도로 회전한다.
II. 같은 시간 동안에 행성과 태양을 연결하는 선분이 만드는 부분의 넓이는 서로 같다.
III. 행성의 1주기의 제곱은 궤도의 장축 반의 세제곱에 비례한다.

케플러는 법칙 II에 나타나는 넓이를 구하기 위하여 투박한 형태의 적분법에 의존할 수밖에 없었다. 이것이 그를 미적분학의 선구자 중 한 사람으로 만들었다. 그는 또한 1615년에 완성한 《포도주통의 신계량법》에서 투박한 형태의 적분법을, 원뿔곡선들의 호를 그것의 축을 중심으로 회전시켜 얻어지는 93개의 입체도형의 부피를 찾는 데 적용했다.

케플러는 다면체 분야에서도 공헌했다. 그는 직각육팔면체(cuboctahedron), 마름모 12면체(rhombic dodecahedron), 마름모 30면체(rhombic triakontahedron) 등을 발견했다. 특히 마름모 12면체는 석영석의 결정에서 볼 수 있다. 원뿔곡선에서 '초점(focus)'이라는 용어를 도입한 사람도 바로 케플러이다.

케플러는 1604년에 《뷔텔로의 광학입문(Ad Vitellionem paralipomena)》에서 평면의 일반적인 점과 직선의 성질을 대부분 가지는 어떤 이상점(ideal points)과

직각육팔면체와 전개도

마름모 12면체와 전개도

마름모 30면체와 전개도

이상선(ideal line)이 무한대에 존재한다는 것을 공리로 받아들여 이른바 '연속성의 원리(principle of continuity)'를 전개하였다. 이 원리에서 케플러는 다음과 같이 설명하였다.

직선은 무한대에서 끝나고, 두 평행선은 무한대에서 만난다. 포물선은 타원 또는 쌍곡선에서 한 초점이 무한대로 접근할 때 그 극한이다.

한편 데자르그는 케플러가 죽은 지 9년이 되는 해인 1639년에 매우 특이한 생각을 담은 〈원뿔과 평면이 만남으로써 생기는 결과를 다루는 시도에 관한 초고〉라는 긴 이름의 기하학 논문을 딱 50부만 발행했다. 그는 이 논문에서 케플러의 연속성의 원리를 바탕으로 하여 다음과 같은 내용을 정의했다.

1. 직선의 양 끝점은 일치한다.
2. 평행선은 이상점인 무한원점에서 만난다.
3. 평행평면은 이상직선인 무한원직선에서 만난다.
4. 직선은 중심이 무한원점에 있는 원이다.
5. 포물선의 초점은 무한원점에 있다.

데자르그가 얻은 정리 중에 가장 유명한 것은 다음과 같은 '배경에 관한 정리'이다.

■ 배경에 관한 정리 : 두 삼각형에 대하여 대응하는 꼭짓점끼리 이은 세 개의 직선이 한 점 O에서 만나면 대응변의 세 개의 교점 X, Y, Z는 동일 직선 위에 있다.

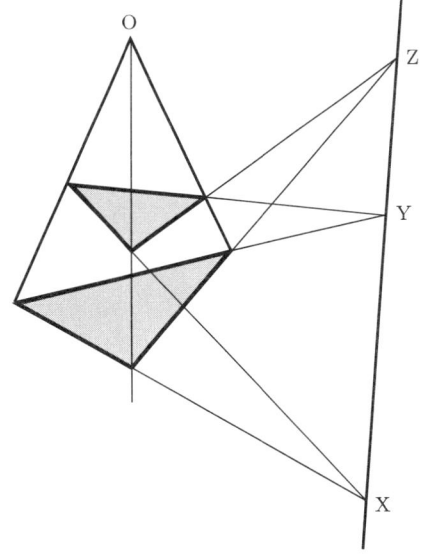

데자르그의 '배경에 관한 정리'는 사영기하학의 기초에서 중요한 역할을 한다는 것이 나중에 힐베르트의 《기하학의 기초(Grundlagen der Geometrie, 1899)》에서 입증되었다. 그러나 데자르그의 논문은 당시에는 인정받지 못했다. 데자르그의 논문의 진가를 인정했던 극소수의 동시대인 중의 한 사람이 수학적 천재인 파스칼이었다.

파스칼은 1639년에 〈원추곡선에 관한 소고〉를 쓰고 1640년에 출판했다. 그가 이 논문을 출판할 때 그의 나이는 17세였다. 이 논문은 겨우 한 쪽의 인쇄물이었으나 역사상 가장 풍부한 내용을 담고 있었다. 거기에는 파스칼 자신이 '신비한 육각형(mysterium hexagrammicum)'이라고 이름 붙인 다음과 같은 내용이 있다.

원추곡선에 내접하는 육각형의 세 쌍의 대변의 세 교점은 한 직선 위에 있고 그 역도 성립한다.

이것은 오늘날 '파스칼의 정리'로 알려져 있다. 파스칼은 이 정리를 처음에는 원에서 성립함을 증명하고, 투영에 의하여 임의의 원추곡선으로 바꾸는 데자르그의 방식으로 정리를 증명하였을 것으로 추측하고 있다. 파스칼의 정리는 사영기하학 전체에서 가장 응용이 풍부한 정리 중 하나로 파스칼은 이 정리로부터 약 400개 이상의 따름정리를 유도했다.

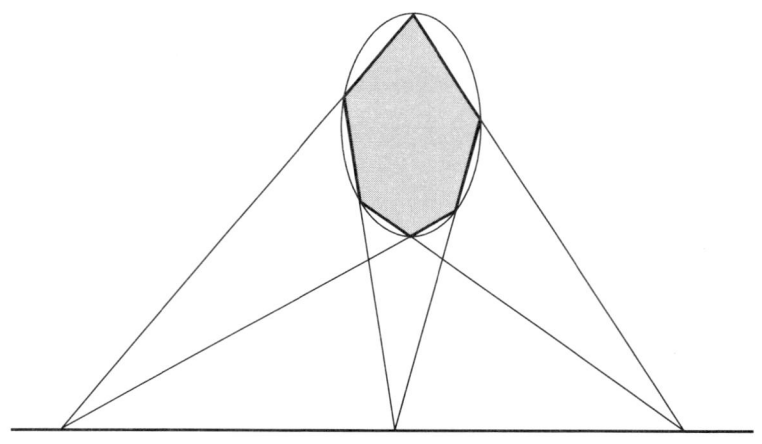

파스칼의 마지막 수학연구는 원이 직선 위를 구를 때 원 위의 한 점의 자취에 의해 만들어지는 곡선인 사이클로이드(cycloid)에 관한 것이다. 그는 1658년 치통으로 고생하던 중에 기하학적인 착상이 떠오르고, 그때 마침 치통이 사라지자 신의 계시라고 여기고 8일 동안의 연구로 사이클로이드에 대한 완벽한 결과

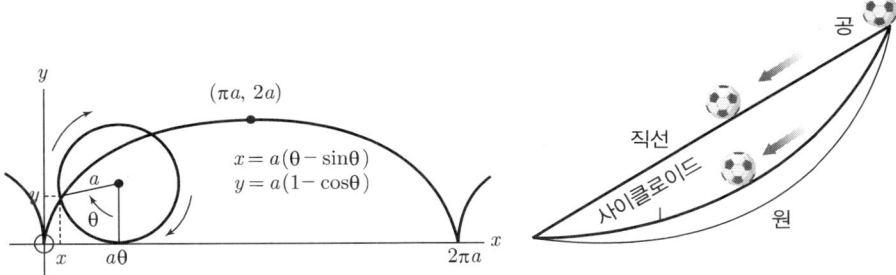

를 발표하였다. 이 곡선은 수학과 물리학에 있어서 매우 중요한 것으로 초기 미분적분학의 개발에 크게 도움을 준 곡선이다. 특히, 갈릴레이는 맨 처음 이 곡선의 중요성을 이야기하면서 다리의 아치를 이 곡선을 이용하여 만들 것을 추천하기도 했다.

　직선과 사이클로이드 모양으로 같은 높이의 미끄럼틀을 만들어 공을 굴릴 경우를 생각해 보자. 언뜻 생각하기에는 직선을 따라 굴린 공이 먼저 바닥에 도착할 것 같지만 실제로는 사이클로이드를 따라 굴린 공이 먼저 바닥에 도착한다. 거리는 직선이 짧지만 시간은 사이클로이드가 적게 걸리는데, 사이클로이드는 각 지점에서 중력가속도가 줄어드는 정도가 직선보다 작기 때문에 이 가속도에 의해 속도가 빨라져서 도착지점까지의 시간은 더 적게 걸리는 것이다.

　사이클로이드와 같이 물체의 움직임을 수학으로 표현하려는 노력이 시작되며 수학에서는 미적분의 출발을 부추기고 있었다. 미적분학은 기하라기보다는 해석학에 가깝지만 수학에서 워낙 중요한 부분을 차지하고 있고, 수학에 해석학과 기하학이 합쳐진 해석기하학이라는 분야가 있기 때문에 다음 장에서는 미적분학에 대하여 알아보자.

움직이는 물체 분석하기

- 1650년경~1750년경

움직이는 물체를 수학적으로 어떻게 표현할 것인가
아이작 뉴턴과 라이프니츠
미적분의 탄생
영국과 대륙의 미적분학 전쟁
접선의 기울기 구하기
수학의 영역을 확장시킨 미적분학
《자연철학의 수학적 원리》

뉴턴과 라이프니츠

인류 문명을 이야기하며 수학과 과학의 영역에서 반드시 알아야 할 인물이 한 명 있다. 그 인물은 코페르니쿠스로부터 시작되어 케플러, 갈릴레이로 이어지며 꾸준히 진행되어 온 17세기 과학혁명을 완성시킨 장본인이기 때문이다. 특히 '자연은 일정한 법칙에 따라 운동하는 복잡하고 거대한 기계'라는 그의 역학적 자연관은 18세기 계몽사상의 발전에 크나큰 영향을 주었다. 그는 바로 오늘날 모든 과학에서 없어서는 안 될 미적분학을 발명한 아이작 뉴턴이다. 뉴턴의 일생과 과학적 업적을 통하여 17세기 후반에서 18세기 중반까지 유럽의 학문이 어떠했는지 알아보자.

뉴턴은 갈릴레오 갈릴레이가 사망한 해인 1642년 크리스마스에 영국의 링컨주 그랜담의 울즈소프에서 태어났다. 뉴턴은 태어났을 당시 몸무게가 2kg도

못 되는 미숙아였다. 그는 심한 발육불량이어서 첫돌이 지나도록 고개를 제대로 가누지 못했다고 한다. 초등학교에 들어가서는 친구들과 잘 어울리지 못하고 늘 혼자 노는 아이였기 때문에 혼자 그림을 그리거나 기계를 만지작거리며 노는 그를 보고 급우들은 시골뜨기라고 손가락질했다. 요즘말로 하면 '왕따'였던 것이다.

그러던 뉴턴은 중학생이 되면서부터 수학에 흥미를 갖기 시작했고, 1661년 6월 케임브리지 대학에 입학했다. 그러나 뉴턴은 다른 대학생들처럼 학교생활을 하기에는 너무 가난하여 대학에서 도움을 받아야 했다. 그래서 대학에서 일정한 일을 하고 학비를 보조받는 근로 장학생이 되었다. 뉴턴은 1664년 1월에 학사학위를 받았고, 그가 22세였던 1664년부터 24세였던 1666년까지 과학과 수학의 기초를 닦았다. 끊임없는 공부와 밤샘으로 병에 걸렸다는 것 이외에 대학에서 그의 생활에 관해 알려진 것은 거의 없다.

그가 학위를 받은 1664년 유럽에 흑사병이 퍼지기 시작하여 유럽 인구의 $\frac{1}{3}$이 목숨을 잃었다. 이때문에 모든 대학은 문을 닫았고, 케임브리지도 예외는 아니었다. 그래서 뉴턴은 고향인 울즈소프로 돌아왔다. 바로 이 기간이 뉴턴에게는 가장 중요한 시기였다. 대학이 폐쇄된 2년 동안 뉴턴은 자신의 고향에서 사색을 하며 보냈다. 이때 그는 미분과 만유인력의 법칙을 발견했으며, 백색광이 여러 색의 빛으로 이루어져 있다는 것을 알아냈다.

뉴턴은 케임브리지에서 수학과 자연철학을 배웠다. 당시 이 대학의 루카스 교수직에 있던 배로는 이 젊은 천재의 가능성을 알아보고 자신의 교수직을 물려주려고 했다. 배로는 자기보다 뛰어난 인물이 출현한 것을 기쁜 마음으로 받아들였고, 결국 그의 뜻대로 1669년 루카스 교수직을 뉴턴에게 양보했다. 그래서 뉴턴은 27세의 나이로 18년간의 대학 강의를 시작하게 되었다.

1669년 케임브리지 대학의 수학 교수가 된 뉴턴은 연구에 몰두하여 마침내 1687년 《자연철학의 수학적 원리(약칭 프린키피아)》를 발표하여 세상을 깜짝 놀라게 했다. 이 책은 뉴턴의 연구결과를 종합해 놓은 것이었다. 이 책에서 그는 미분과 적분법뿐만 아니라 중력이란 원리를 갖고 우주를 하나의 통일된 체계로 설명했다. 즉 우주의 모든 천체와 입자는 서로 '거리의 제곱에 반비례하고 질량에 비례하는 힘'으로 끌어당긴다는 것이다. 이 힘이 바로 중력으로 중력은 크기와는 아무 상관이 없다. 이를테면 사과가 나무에서 땅으로 떨어지는 것은 지구가 사과를 끌어당기기 때문인데, 사과도 지구를 끌어당긴다는 것이다. 중력은 우주의 모든 물체가 공통적으로 지니고 있는 힘이기 때문에 만유인력이라고 한다.

미적분의 원리와 만유인력에 덧붙여 빛의 입자설을 뉴턴의 3대 업적이라고 한다. 그는 무지개와 비누거품이 여러 가지 색을 띠는 이유를 비롯하여 빛의 성질을 완벽하게 설명해 냈다. 뿐만 아니라 백색인 빛은 하나의 색이 아니라 일곱 가지 색의 혼합물이라는 것을 증명했다. 뉴턴은 이후로도 빛에 관한 연구를 더하여 1704년에 《광학》을 출간했다.

그러나 무엇보다도 뉴턴의 위대함은 미적분의 원리를 발명한 것이다. 하지만 뉴턴은 이 원리를 발명하고도 발표하지 않고 있었다. 그런데 그로부터 몇 년이 지난 후에 독일의 수학자 라이프니치가 미분이라는 새로운 수학을 발명했다고 발표했다. 라이프니치는 1682년에 원의 구적법에 관한 논문을 발표했으며, 1684년 10월에는 미분법에 관한 대략적인 내용이 소개된 〈극대, 극소, 접선을 만들기 위한 새로운 방법 : 이 방법에서는 분수도 무리수도 장애가 되지 않으며 이것을 위한 특별한 계산법〉이라는 논문을 《학술기요(Acta eruditorum)》라는 수학전문 잡지에 발표했다.

그러자 이것이 뉴턴의 추종자와 라이프니치의 추종자 사이에 다툼을 일으켰고, 불행하게도 이것은 두 사람의 다툼으로 번졌다. 사실 당시에 미분은 선구자들의 노력으로 세상에 나타날 준비를 마친 상태였는데, 뉴턴과 라이프니치가 미분의 세계로 가는 문을 열게 된 것이었다. 엄밀하게 따지면 뉴턴이 처음으로 그것을 발명했지만, 결과를 발표하는 것을 미루어 이런 문제가 생겼다고 할 수 있다.

17세기에 학자들은 움직이는 물체를 수학적으로 어떻게 표현해야 할지 고민하기 시작했다. 이런 문제의 해답으로 나온 것이 바로 미분이다. 즉, 미분은 쉽게 말하면 한 물체가 정해진 위치로부터 어떤 방향으로 움직일 때 그 물체의 움직임을 어떻게 예측할 수 있는지를 알아내기 위하여 도입되었다. 그래서 미분의 원리를 알려면 물체가 한 위치에서 '바로 다음 위치'로 이동할 때 어떤 일이 벌어지는지 알아야 한다. 하지만 연속적으로 이어져 있는 물체의 움직임에서 '바로 다음 위치'는 사실 정할 수 없다. 이를테면 자연수 1 바로 다음 수는 2로 정해져 있지만 유리수나 실수는 계속 연결되어 있기 때문에 1 바로 다음 수는 무엇인지 알 수 없다. 그래서 필요한 것이 극한이지만, 여기서는 극한의 정확한 개념은 건너뛴다.

자연수에서 1 다음 수는 2이지만 유리수나 실수는 조밀(dense)하기 때문에
1 다음 수가 무엇인지 알 수 없다.

미분의 원리에 대하여 알려면 접선이라는 말을 알아야 한다. 접선이라는 말은 '접촉'을 의미하는 라틴어 'tangens'에서 유래되었다. 이 말에서 곡선의 접선은 그 곡선에 접해 있는 직선이라는 의미로 곡선과 정확히 접점 한 점에서만 만나며, 접점에서 그 곡선과 같은 방향을 가지는 직선이다. 그래서 접선을 알면 그 곡선이 어떤 방향으로 나갈지도 알 수 있다. 곡선 위의 한 접점을 지나는 접선은 그 곡선과 접점에서의 방향이 같으므로 접선의 기울기를 알면 그 곡선이 접점에서 얼마만큼 구부러져 있는지 알 수 있다. 그런데 좌표평면에서 직선의 기울기는 (세로로 움직인 거리)를 (가로로 움직인 거리), 즉 (y의 변화량)을 (x의 변화량)으로 나눈 것이다. 즉, 직선의 기울기는 다음과 같다.

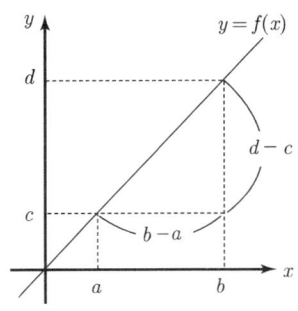

$$(\text{직선의 기울기}) = \frac{(y\text{의 변화량})}{(x\text{의 변화량})}$$

왼쪽 그림에서 직선 $y = f(x)$는 x가 a에서 b로 변했으므로 $(x\text{의 변화량}) = (b-a)$이고, y가 c에서 d로 변했으므로 $(y\text{의 변화량}) = (d-c)$이다. 따라서 이 직선의 기울기는 $\frac{(d-c)}{(b-a)}$이다.

이제 곡선 $y = f(x)$의 접선의 기울기를 구하는 방법을 알아보자. 왼쪽 그림과 같이 곡선 $y = f(x)$ 위의 한 점 P에서의 접선의 기울기를 구해 보자. 그런데 우리가 현재까지 접선에 관하여 알고 있는 것은 점 P(a, c)를 지난다는 것뿐이다. 그리고 직선의 기울기를 구하려면 적어도 서로 다른 두 점이 있어야 하는데, 이 접선은 곡선과 정확히 한 점에서만 만나므로 곡선의 식을 이용해도 앞에서와 같이 직선의 기울기를 구할 수 없다.

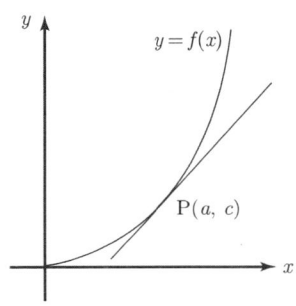

하지만 생각을 바꾸어서 점 P와 가까운 곳에 있는 곡선 위의 점 Q(b, d)를 하나 잡자. 그러면 두 점 P, Q를 지나는 직선의 기울기를 구할 수 있다. 하지만 이 직선의 기울기는 우리가 구하고자 하는 기울기와는 다르다. 그런데 점 Q를 점 P에 조금 가깝게 잡는다면 접선의 기울기에 좀더 비슷한 기울기를 갖는 직선을 얻게 된다. 아직도 우리가 원하는 접선의 기울기와는 약간 차이가 있지만, 이런 방법을 계속하여 점 Q를 점 P에 점점 더 가깝게 접근시킨다면 접선의 기울기와 아주 비슷한 기울기를 얻을 수 있다.

여기서 좀더 나아가 점 Q를 점 P에 아주, 아주, 아주, 아주 가깝게 잡는다면 두 점을 지나는 직선의 기울기는 점점, 점점, 점점, 점점 접선의 기울기와 비슷해져서 언젠가는 접선의 기울기와 거의 일치하는 정도까지 될 것이다. 즉, b가 a에 점점 가깝게 접근하면 할수록 d는 c에 가까워지고 기울기도 우리가 원하는 만큼 비슷하게 된다. 이것을 기호로 나타내면 다음과 같다. 여기서 기호 '$\lim\limits_{b \to a}$'은

b가 a에 한없이 가까워진다는 뜻이다(그림 3, 4).

$$(\text{접선의 기울기}) = \lim_{b \to a} \frac{(d-c)}{(b-a)}$$

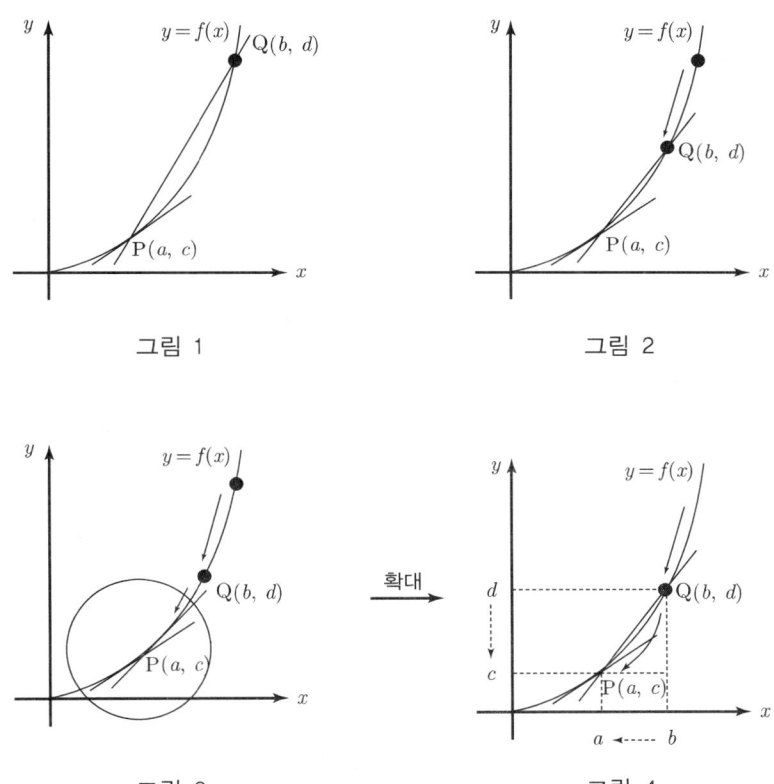

그림 1
그림 2
그림 3
그림 4

그리고 곡선 위의 접점 $P(a, c)$에서 접선의 기울기를 $x = a$에서 $y = f(x)$의 접선의 기울기라는 뜻으로 다음과 같이 표현한다.

$$f'(a) = \lim_{b \to a} \frac{(d-c)}{(b-a)}$$

이 식에서 b는 변하면서 점점 a에 접근하므로 b를 변수 x라고 생각하면, $d = f(x)$이고 $f(a) = c$이므로 주어진 식은 다음과 같이 쓸 수 있다. 이때 $f'(a)$를 $x = a$에서의 도함수 또는 미분계수라고 한다.

$$f'(a) = \lim_{x \to a} \frac{f(x) - f(a)}{x - a}$$

예를 들어 곡선 $y = x^2$ 위의 점 (2, 4)에서 접선의 기울기를 구해 보자. 기울기를 구하기 위하여 먼저 $(x^2 - 2^2) = (x+2)(x-2)$임을 알아야 한다. 그러면 $y = x^2$ 위의 점 (2, 4)에서 접선의 기울기를 다음과 같이 구할 수 있다.

$$\begin{aligned} f'(2) &= \lim_{x \to 2} \frac{f(x) - f(2)}{x - 2} = \lim_{x \to 2} \frac{x^2 - 2^2}{x - 2} \\ &= \lim_{x \to 2} \frac{(x+2)(x-2)}{x - 2} \end{aligned}$$

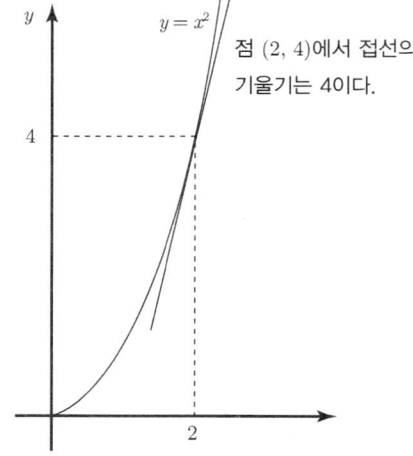

점 (2, 4)에서 접선의 기울기는 4이다.

이 식에서 분모와 분자에 공통으로 $x - 2$가 있으므로 약분하면 위 식은 $f'(2) = \lim_{x \to 2}(x+2)$가 된다. 이 식에서 '$\lim_{x \to 2}$'는 '$x$가 한없이 2에 가까워진다.'는 뜻이므로 $\lim_{x \to 2}(x+2)$는 'x가 한없이 2에 가까워질 때, $(x+2)$는 어떤 값에 가까워지는가?'이다. x가 한없이 2에 가까워질 때, $(x+2)$는 4에 가까워지므로 $\lim_{x \to 2}(x+2) = 4$이므로 $f'(2) = 4$이다.

뉴턴은 당시 수학자들 사이에 알려진 난제 중 많은 것을 해결했다. 뉴턴은 숙련된 실험가이자 뛰어난 분석가였다. 수학자로서 그는 이제까지 배출된 거의 전 분야의 학자 중 가장 훌륭하다고 평가되고 있다. 물리학적 문제에 대한 통찰력과 수학적 능력은 아마 어느 누구도 결코 추월할 수 없을 것이다. 나중에 미적분학의 우선권 경쟁에서 뉴턴의 경쟁자가 되는 라이프니츠가

> 태초부터 뉴턴이 살았던 시대까지의 수학을 놓고 볼 때, 그가 이룩한 업적이 반 이상이다.

라고 말한 것에서 그의 위대성을 엿볼 수 있다. 또한 라그랑주는 뉴턴을 이렇게 평했다.

> 뉴턴은 최상의 행운아이다. 왜냐하면 인류는 단 한 번만 우주의 체계를 세울 수 있는데, 그것을 그가 했기 때문이다.

이러한 찬사에 비하여 자기 업적에 대한 자신의 평가는 다음과 같이 겸손했다.

> 나는 내가 세상에 어떻게 비칠지 모른다. 하지만 가끔 진리의 거대한 바다는 저만치에서 미지의 세계인 채 눈앞에 있는데, 나 자신은 바닷가에서 매끄러운 돌과 아름다운 조개나 찾으며 놀고 있는 어린아이와 같다는 생각을 한다.

뉴턴은 언젠가 선배들에게 그가 다른 사람들보다 더 멀리 보았다면 그것은 단지 거인들의 어깨 위에 서 있었기 때문이라고 겸손하게 설명하였다. 그러나 그는 병적일 정도로 논쟁을 싫어하여 그의 발견들은 오랫동안 발표되지 않고 남아 있었다. 발표를 미루는 습관 때문에 나중에 미적분학의 발명에 관하여 라이프니츠와 신사답지 못한 논쟁을 하게 되었다. 이 논쟁 때문에 뉴턴을 지지하는 영국 수학자들은 대륙과의 수학 교류를 단절하였다.

뉴턴은 영국에서 명예혁명이 한창이던 1689년에 케임브리지 시의 하원의원으로 선출되었다. 1696년 그는 조폐국장에 임명되었고, 1703년에는 영국왕립학술원 회장으로 추대되어 죽을 때까지 그 자리에 있었으며, 1705년에 앤 여왕으

로부터 기사 작위를 받았다. 과학자로서는 최초로 기사 작위를 받은 것이다. 그의 업적은 당대는 물론 이후의 학문발달에 커다란 영향을 미쳤다. 특히 관찰과 실험을 중시하는 그의 연구방법은 철학에도 깊은 영향을 주어 영국에서 경험론이라는 철학의 한 부류를 낳았다. 실제로 경험론의 시조인 존 로크는 뉴턴보다 10세나 위였지만 뉴턴을 스승으로 숭배했다고 한다.

뉴턴은 코페르니쿠스에서 케플러, 갈릴레이로 이어지며 꾸준히 진행되어 온 17세기 유럽의 과학혁명을 완성시킨 장본인이다. 18세기 영국의 계몽사상가들은 베이컨, 로크, 뉴턴을 위대한 정신의 삼위일체라고 불렀으며, 그중에서도 뉴턴이 가장 위대한 인물로 꼽히고 있다. '자연은 일정한 법칙에 따라 운동하는 복잡하고 거대한 기계'라는 그의 역학적 자연관이 18세기 계몽사상의 발전에 크나큰 영향을 주었던 것이다. 뉴턴은 1727년 84세의 나이에 고통스러운 만성질환으로 세상을 떠났으며, 현재 웨스트민스터 사원에 묻혀 있다.

미적분학은 그동안 설명할 수 없었던 많은 것들을 수학적으로 설명함으로써 수학의 영역을 거의 무한으로 확장시켰다. 미적분으로 수학의 영역이 넓어지면서 기하학을 바라보는 눈도 서서히 바뀌게 되었다. 기하학에서도 유클리드의 평행선공준은 끊임없이 의심되며 서서히 평행선공준을 증명하기보다는 이 공준이 필요 없는 기하학을 세우려는 시도가 일어나기 시작했다. 그런데 그런 기하학을 잘 이해하려면 먼저 유클리드의 평행선공준에 대하여 좀더 자세히 알아야 하고, 다음 장은 바로 그에 대한 내용이다.

비유클리드 기하학 1

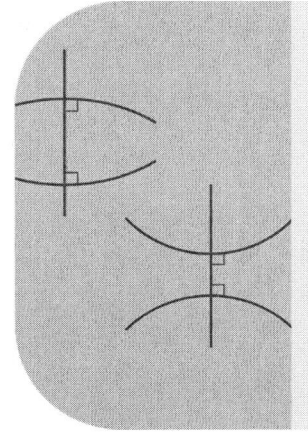

● 1700년경~1800년경

영국에서 산업혁명 시작
유클리드의 평행선공준
사케리, 람베르트, 르장드르 등 많은 학자들이 평행선공준 논쟁을 벌이다
둔각, 직각, 예각 가설의 완벽한 증명이 안 되다
유클리드 기하학과 다르면서 그 자체로 모순이 없는 기하학 발견
실수 체계의 일반적인 대수와 전혀 다른 대수 발견
자연현상과 사회현상을 설명하고 인식하는 근본적이고 혁명적인 변화

17세기 이전까지 거의 모든 생산품은 사람의 힘으로 만드는 수공업이었다. 그러나 1760년대 이후 영국에서 공업생산에 처음으로 사람의 힘이 아닌 기계의 힘으로 상품이 생산되며 경제적, 사회적 대변동이 일어난다. 이것을 산업혁명이라고 하는데, 산업혁명은 자본주의 경제체제를 확립하고 도시화를 촉진시켰으며 교역의 광역화 등 세계사에 큰 변화를 초래했다. 산업혁명이라는 말은 프랑스의 학자들이 가장 먼저 사용했지만, 영국의 경제사가 아놀드 토인비(Arnold Toynbee, 1852~1883)가 1760~1840년 동안의 영국경제발전을 설명하는 과정에서 사용하면서 광범위하게 유포되었다.

산업혁명이 영국에서 처음 시작된 이유를 다섯 가지로 간추릴 수 있다. 첫째, 영국은 네덜란드 및 프랑스와의 경쟁에서 승리하여 대서양의 패권을 잡았고,

축적된 부와 식민지 개척으로 광대한 해외 시장을 확보하고 있었다. 둘째, 영국의 모직물 산업은 유럽에서 가장 앞섰으며 공장제 수공업이 보급되어 있었다. 셋째, 인구가 증가하고 곡물 가격이 오르면서 농업이 대규모화되었다. 그로 인하여 많은 농민들이 농토를 잃고 도시로 몰려들어 값싼 노동력이 풍부해졌다. 넷째, 석탄과 철이 풍부했으며, 공장을 움직일 수 있는 에너지로 석탄이 사용되기 시작했다. 마지막으로, 17세기에 유럽에서 전개된 과학혁명의 중심국으로 과학기술이 놀라울 만큼 급속도로 발전하였다.

　　1760년부터 1830년대까지 초기 산업혁명은 대체로 영국에 한정되었다. 남들보다 앞서 출발했다는 사실을 알고 있는 영국인들은 기계와 숙련노동자, 제조기술 등의 유출을 금했다. 하지만 유럽 대륙의 사업가들은 영국의 새로운 기술정보를 얻기 위하여 일부 영국인들에게 자기 나라에서 공장을 세우면 많은 이윤을 낼 수 있다고 부추겼다. 그 결과 윌리엄과 존 코커릴이라는 두 영국인이 1807년경 벨기에 리에주에 영국과 같이 기계를 갖춘 공장을 세우며 벨기에에서도 산업혁명이 시작되었다. 그래서 벨기에는 유럽 대륙에서 경제적으로 변모한 최초의 국가가 되었고, 벨기에의 산업혁명도 영국과 마찬가지로 철·석탄·섬유를 중심으로 전개되었다.

　　영국과 벨기에 다음으로 산업혁명이 시작된 나라는 프랑스였다. 영국이 분주히 산업혁명을 이어가고 있는 동안 프랑스는 혁명의 소용돌이에 휩싸여 있었고, 불안한 정치적 상황 때문에 산업의 혁신을 위한 대규모 투자가 어려웠다. 1848년 무렵 프랑스는 주요공업국이 되었으나 제2제정기의 눈부신 성장에도 불구하고 여전히 영국에 뒤져 있었다. 그러나 다른 유럽 국가들은 프랑스보다도 훨씬 더 뒤처져 있었다.

　　독일은 석탄과 철강 등 산업혁명에 필요한 자원은 풍부했지만 1870년에 통일국가를 이룬 뒤에야 비로소 산업혁명이 시작되었다. 하지만 독일의 성장속도는 매우 빨라서 20세기의 시작을 전후하여 철강생산 부문에서 영국을 앞질렀고, 세계적으로 화학공업 발전을 선도했다. 바다 건너 미국은 19세기 말부터 20세기 초까지 유럽이 이룩한 성과를 훨씬 능가하는 고도의 산업 성장을 했다. 이 시기에 아시아에서는 유일하게 일본이 놀라운 성공을 거두면서 산업혁명의 대열에 합류했다.

서유럽 국가들의 약진과는 달리 동유럽 국가들은 20세기 초까지도 낙후된 상태에 있었다. 특히 소련은 18세기 말부터 20세기 초까지 수차례의 경제개발계획을 실시하고 난 후에 비로소 공업국가가 되었는데, 영국이 150년 걸려 이룩한 성과를 단 몇십 년 만에 이루어냈다. 20세기 중반 산업혁명은 중국과 인도 등 그때까지 비공업화 지대에 속했던 국가들에까지 확산되었다. 바야흐로 세계 여러 나라들은 성공적인 산업혁명으로 세계를 주름잡는 열강으로 다시 태어난 반면, 우리나라와 같이 산업혁명의 과정이 없었던 나라들은 세계열강의 손에 운명이 결정되었다.

이런 산업혁명은 여러 가지 면에서 큰 변화를 가져왔는데 특히 기술적인 면에서의 변화는 오늘날과 같은 현대 사회를 건설하게 된 결정적인 계기가 되었다. 산업혁명에 의한 기술적 변화로는 철·강철과 같은 새로운 재료를 사용하게 되었으며, 석탄·증기기관·전기·석유·내연기관과 같은 새로운 연료와 동력을 이용하기 시작했고, 방적기와 동력직조기와 같이 인력을 더 적게 들이면서 생산을 증가시킬 수 있는 새로운 기계가 속속 발명되었으며, 새로운 작업조직체인 분업의 등장으로 직능이 전문화되었으며, 증기기관차·증기선·자동차·비행기·전신·라디오 등을 포함한 교통과 통신이 폭발적으로 발전했고, 그에 따른 응용과학이 발전하게 되었다.

산업혁명으로 사회는 빠르게 변해갔으며 이런 변화는 생활의 모든 부분을 변화시켰다. 수학도 예외는 아니어서 19세기 전반부에 매우 주목할 만한 두 가지 수학적 발전이 일어났다. 첫째는 1829년경 유클리드 기하학과는 다르며 그 자체에 모순이 없는 기하학의 발견이고, 둘째는 1843년 실수체계의 일반적인 대수와는 전혀 다른 대수의 발견이다. 여기서는 기하학에 대하여만 알아보자. 사실 이런 발전은 어느 한순간에 이루어진 것은 아니다. 수학의 역사를 통하여 이런 내용들은 점차 발전되고 다듬어져 오다가 사회가 발전하고 사람들의 생각이 바뀌게 되면서 자연스럽게 출현하게 된 것이다. 먼저 그 과정을 잠깐 되짚어보자.

유클리드는 자명하다고 여겨지는 것을 공준이라 하였으며, 자신의 책《원론》에 다섯 가지를 제시하였다. 그 가운데 다섯 번째 공준이 많은 논쟁의 원천이 된 다음과 같은 '평행선공준'이다.

> 한 직선이 두 직선과 만나서 어느 한 쪽의 두 내각의 합이 180°보다 작으면, 이 두 직선을 무한히 연장할 때 180°보다 작은 각이 이루어지는 쪽에서 두 직선은 반드시 만난다.

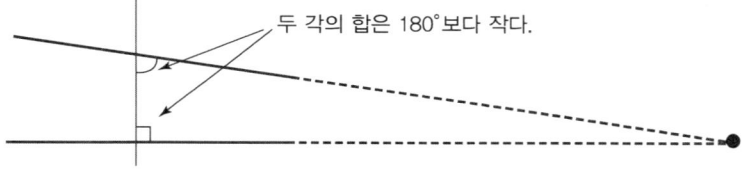

평행선공준은 다른 네 개의 공준이 갖고 있는 간결함이 없으며, '무한히'라는 표현을 쓰고 있다는 점에서도 다른 공준처럼 자명한 특성을 직관적으로 파악하기 어렵다. 그래서 유클리드 자신도 이 공준을 사용하여 다른 명제를 증명하지 않았다. 또 유클리드가《원론》에서 제시한 평행선의 정의 "평행선이란 동일 평면 위에 있고 어느 방향으로든지 무한히 연장해도 절대 만나지 않는 두 직선이다."에서도 '무한히'라는 명확하지 않은 용어와 '만나지 않는'이라는 부정적인 표현이 있어 정의로서는 바람직하지 않다. 그래서 이런 평행선의 정의를 유한과 긍정적인 형태로 바꾸든지, 평행선공준을 정리로 증명하거나 좀더 직관적으로 납득하기 쉬운 동치인 명제로 대체하려는 시도가 유클리드 이후 2000년 동안 계속되었다.

평행선공준에 대한 이와 같은 관심은 결국 유클리드 기하학이 아닌 비유클리드 기하학을 만들어냈다. 비유클리드 기하학은 출현과 동시에 현대수학을 발전시키는 데 대단히 큰 자극을 주었으며, 자연현상과 사회현상을 설명하고 인식하는 데 근본적이고 혁명적인 변화를 가져오게 했다.

수세기에 걸쳐 유클리드의 평행선공준을 다른 명제로부터 유도하려는 시도는 수도 없이 많았다. 그러나 대부분의 시도는 평행선공준과 동치인 가정에 근거했음이 밝혀졌다. 지금까지 알려진 첫 번째 시도는 천문학자이며 수학자인 프톨레마이오스에 의하여 이루어졌다. 그는 한 직선 l과 직선 위에 있지 않은 한 점 P를 지나며 직선 l에 단 하나의 평행선 m을 그을 수 있다고 무의식적으로 가정했는데, 이것은 유클리드의 평행선공준과 동치라는 것을 그리스 수학의 주석가인 프로클로스가 밝혔다.

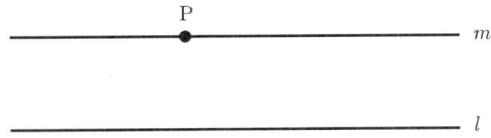

프로클로스도 자신의 시도를 발표했지만 그의 증명은 평행선은 항상 서로 같은 거리만큼 떨어져 있고 공통수선을 갖는다는 가정에 근거하고 있다. 프로클로스는 다음 그림에서와 같이 평행선 l, m 위의 임의의 네 점 A, B, C, D에 대하여 $\overline{AB} = \overline{CD}$ 이고, 공통수선 n을 갖는다고 가정했다. 평행선공준이 없을 때, 두 직선에 대한 평행의 정의는 오직 그 두 직선이 공유점을 갖지 않는다는 것뿐이므로 이 가정도 유클리드의 평행선공준을 포함하고 있음을 밝힐 수 있다.

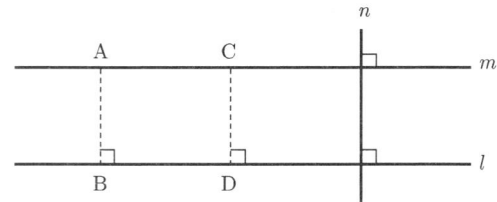

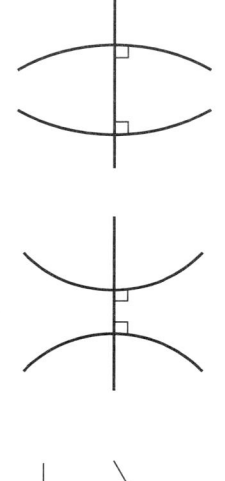

아라비아의 오마르 하이얌도 유클리드의 평행선공준을 해결하려고 하였다. 〈어려운 문제에 관한 유클리드와의 토론〉에서 그는 두 직선이 나머지 한 직선과 수직을 이루는 경우 두 직선은 평행하다고 해석했지만 이 또한 평행선공준과 동치였다.

아라비아 수학자들의 평행선공준을 증명하기 위한 여러 시도 중에서 나시르 에딘 알 투시(Nasir-ed-din al-Tūsī, 1201~1274)가 한 것이 가장 뛰어났다. 그는 이전의 아라비아 번역본으로부터 개선된 《원론》을 편집했고, 유클리드의 공준에 대한 논문도 썼다. 알 투시는 〈평행선에 대한 의심을 풀어주는 소론〉에서 유클리드의 평행선공준을 증명하려 했다. 그는 오마르 하이얌의 해석이 잘못되었음을 지적하고 하나의 직선에 내린 수직선과 사선은 반드시 서로 교차한다는 사실을 근거로 설명하고자 했다. 알 투시의 제안은 동일 평면상에 위치한 직선들이 같은 방향으로 발산하는 경우 서로 교차하지 않는 한 그 방향에서 수렴할 수 없다는 것이었으나 결국 평행선공준과 동치였다.

영국의 월리스(John Wallis, 1616~1703)는 닮은 삼각형이란 그 대응각이 합동이 되도록 꼭짓점이 일대일 대응이 되는 삼각형들이라고 정의한 후에 유클리드의 평행선공준보다 좀더 단순한 새로운 공리를 제안하여 평행선공준의 증명을 시도했다. 월리스의 공리는 삼각형을 찌그러뜨리지 않고 확대·축소가 가능하다는 것을 의미하는데, 이것도 평행선공준과 동치였다.

평행선공준에 대한 최초의 실제적이며 과학적이 연구는 이탈리아의 사케리(Girolamo Saccheri, 1667~1733)에 의하여 이루어졌다. 그는 〈모든 결점이 제거된 유클리드 기하학〉에서 평행선공준을 연구했다. 사케리는 평행선공준을 연구하며 평행선공준을 사용하지 않고 증명한 유클리드의 《원론》의 처음 28개의 명제를 인정했다.

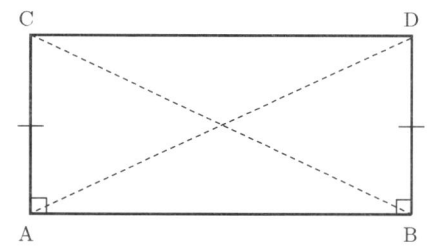

이 명제들을 가지고 ∠A 와 ∠B가 직각이고 변 AC와 변 BD의 길이가 같은 사각형 ABCD를 연구했다. 나중에 이 사각형을 '사케리의 사각형(Saccheri quadrilateral)'이라고 부른다.

그림과 같이 사각형 ABCD에 대각선을 그으면 △CAB, △DBA에 대하여 변 AB는 공통변이고 변 AC와 변 BD의 길이가 같다. 또 두 변 사이의 끼인 각 ∠A 와 ∠B가 직각으로 같기 때문에 이미 인정된 28개의 명제로부터 △CAB ≡ △DBA 이다. 마찬가지로 △CDB ≡ △DCA 이다. 따라서 ∠C = ∠D 이다. 그러면 ∠C와 ∠D는 모두 예각, 직각, 둔각으로 같을 세 가지 가능성이 있다. 그는 이 세 가지 가능성을 각각 예각가설, 직각가설, 둔각가설이라고 했다.

사케리는 둔각가설이 성립하면 삼각형의 내각의 합은 180°보다 크고, 직선을 무한히 연장할 수 있다는 가정과 유클리드《원론》제Ⅰ권 명제 17 "임의의 삼각형에서 어느 두 각의 합은 180°보다 작다."와 모순됨을 설명하여, 쉽게 둔각가설을 제외시켰다. 이제 예각가설의 경우도 모순이라면 직각가설이 성립하게 되므로 평행선공준을 증명할 수 있지만, 사케리는 끝내 예각가설이 모순이라는 것을 증명하지 못했다. 결국 비유클리드 기하학의 많은 고전적인 정리들을 얻은 후에 예각가설에 대하여 모호한 개념이 포함된 납득하기 어려운 모순을 이끌어냈다. 사케리는 나시르의 논문 〈평행선에 대한 의심을 풀어주는 소론〉을 읽고 평행선공준을 연구하기 시작했으며, 예각가설, 직각가설, 둔각가설도 그의 영향을 받은 것이었다. 어쨌든 사케리는 오늘날 비유클리드 기하학의 발견자로서 인정받고 있다.

사케리와 비슷한 접근방법을 사용한 독일의 수학자 람베르트(Johann Heinrich Lambert, 1728~1777)는 1766년에 〈평행선 이론(Theorie der Parallelinien)〉을 완성했지만 죽은 후에야 발간되었다. 람베르트는 세 개의 직각을 갖는 사각형에 대하여 넷째 각이 예각, 직각, 둔각 중 어느 것인지에 대한 가설을 세웠다. 그가 추론한 명제들은 사케리보다 상당히 진보된 것이었고, 사케리가 얻은 사실 이외에도 삼각형의 한 각과 삼각형의 넓이 사이의 관계를 알아냈다. 그러나 람베르트의 예각가설도 불명확하여 완벽한 증명이라고 하기는 충분하지 못했다.

프랑스의 수학자 르장드르(Legendre, 1752~1853)는 많은 명제를 단순화하고 재정리하여 유클리드의《원론》을 개선한《기하학원론(Eléments de Géométrie)》을 저술하였다. 르장드르는 삼각형의 세 내각의 합이 180°보다 작거나, 같거나, 큰 것에 따른 세 가지 가설을 다시 고찰했다. 그러나 그도 여전히 예각가설을 제외시킬 수 없었다.

위에서 소개한 수학자들 이외에도 많은 사람들이 평행선공준을 증명하려 노력했지만 18세기까지 이렇다 할 진전은 없었고, 평행선공준과 동치인 명제들만 많이 등장했다. 이런 명제들은 평행선공준을 보다 간략하게 만들려는 노력의 결과였고, 다음은 그 가운데 몇 가지이다.

- 사각형에서 세 각이 직각이면, 넷째 각도 또한 직각이다. (람베르트)
- 세 내각의 합이 180°와 같은 삼각형이 적어도 하나 존재한다. (르장드르)
- 합동은 아니지만 닮은꼴인 한 쌍의 삼각형이 존재한다. (월리스, 사케리, 라플라스)
- 사각형에서 한 쌍의 대변이 서로 같고 제3변에 대한 이웃각들이 각각 직각이면 다른 두 각 또한 직각이다. (사케리)
- 60°보다 작은 각의 내부에 있는 임의의 점을 통과해서 그 각의 양변 모두

와 교차하는 직선을 언제나 그릴 수 있다. (르장드르)
- 주어진 직선 위에 있지 않은 한 점을 지나 주어진 직선에 평행인 직선을 꼭 하나만 그을 수 있다. (플레이페어 John Playfair, 1748~1819)

이 중에서 오늘날 수학교과서에서 가장 자주 나오는 것은 플레이페어의 것이다. 플레이페어는 평행선공준과 동치인 플레이페어의 공준으로 주어진 직선 위의 한 점에서 직선에 평행한 직선을 한 개 이상 또는 단 한 개 그릴 수 있거나 또는 하나도 그릴 수 없다는 세 가지 가능성의 가설인 예각가설, 직각가설, 둔각가설을 고찰하는 것으로 접근했다. 그런데 둔각가설은 간단히 제거할 수 있었지만 예각가설은 상상할 수 없는 명제만 도출될 뿐 모순을 끝내 찾을 수 없게 되자 평행선공준의 증명이 원천적으로 불가능할지도 모른다는 추측이 싹트기 시작했다. 그리고 이런 생각의 전환은 기하학 전체의 체계를 새로운 시각으로 보도록 근본적인 관념을 바꾸게 되었다. 즉, 예각가설 아래에서 모순이 없는 새로운 기하학을 생각하기에 이르렀다. 평행선공준이 독립적이라는 것을 어렴풋이 알아챈 최초의 수학자는 가우스, 보여이, 로바체프스키 등이었는데, 다음 장에서 이들에 대하여 알아보자.

비유클리드 기하학 2

- 1800년경~1900년경

유클리드 기하학, 2000년의 가치가 흔들리다
수학의 본질에 대한 코페르니쿠스적 혁명
평행선공준의 독립성
로바체프스키와 보여이
쌍곡기하학과 타원기하학
쌍곡 공리에 대한 무모순성
유클리드의 평행선공준 최종 해결
리만 기하학
수학의 본질은 자유로움에 있다

보여이

18세기 말에 유럽 최고의 철학자 칸트(Immanuel Kant, 1724~1804)는 1781년 《순수이성비판》에서 공간은 인간의 마음에 직관적으로 이미 존재하는 체계이고, 유클리드 기하학의 공리와 공준은 인간의 마음에 부과된 선험적인 판단이며, 이 공리와 공준 없이는 공간에 대한 어떠한 무모순의 추론도 불가능하다고 했다. 이러한 주장은 그의 후계자인 형이상학자들에 의해 계속 지지되었고, 또한 그 당시의 수학적 사고를 지배하고 있었다. 따라서 평행선공준의 독립성을 주장하는 것은 칸트의 철학에 정면으로 도전하는 셈이었고, 결과적으로 유럽의 사상계를 지배하던 권위적인 견해와 맞서야 하는 엄청난 부담을 안게 되었다. 그래서 평행선공준의 독립성을 인지하고 있던 수학자들조차 그 사실을 발표하지 않으려는 경향이 있었다.

수학의 황제라고 일컬어지는 가우스(Carl Friedrich Gauss, 1777~ 1855)도 예외는 아니었다. 평행선공준이 유클리드의 다른 공리와 공준들과 독립적이라고 최초로 예감한 사람은 가우스였을 것이라 추측된다. 하지만 그는 이에 대하여 어떤 결과도 발표하지 않았다. 비록 자신이 발표하지는 않았지만 유사한 연구를 지속하는 다른 사람들을 격려하려 애썼다. 어쨌든 이것에 대하여 두 가지 견해가 있다. 첫째는 2000년 이상을 절대적 진리이며 과학적 체계의 규범이라고 세상이 믿고 있는 유클리드 기하학의 진리성을 부정하는 데 따른 형이상학자들로부터의 공격이 두려웠기 때문이라는 것이다. 둘째는 완성된 작품만 발표하는 완벽주의자인 그가 비유클리드 기하학의 완벽성에 대한 확신이 없었기 때문이라는 것이다.

비유클리드 기하학을 가우스 다음으로 예감한 사람은 헝가리의 장교였던 야노스 보여이(Janos Bolyai, 1802~1860)였다. 그의 아버지 퍼르커시 보여이(Farkas Bolyai, 1775~1856)는 괴팅겐 대학교에서 가우스와 함께 공부한 가우스의 친구였다. 가우스와 마찬가지로 퍼르커시 보여이는 평행선공준을 증명하려고 노력했다. 두 사람 모두 증명을 계속 찾았고, 보여이는 절망하여 포기했지만 가우스는 끝내 증명이 불가능할 뿐만 아니라 유클리드 기하학과는 전혀 다른 기하학이 전개될 것이라는 결론에 도달했다. 하지만 가우스는 끝내 이에 대하여 침묵을 지켰다.

야노스 보여이는 이 문제에 관심을 갖고 있던 아버지로부터 일찍부터 상당한 영향을 받았는데, 그의 주요 관심사는 평행선공준과 그것의 독립성이었다. 그래서 평행선공준과 독립적인 어떤 것을 유클리드 기하학과 새로운 기하학 모두에서 성립되는 명제의 집합을 뜻하는 '절대적인 공간 과학'이라고 이름 붙였다. 그는 비유클리드 기하학에 관한 25쪽으로 된 논문 〈공간의 절대적 과학〉을 아버지의 두 권으로 된 책인 《청년학도를 위한 순수수학 입문시론(Tentamen Juventutem Studiosam in Elementa Matheseos)》의 부록으로 발표하였다. 이 책은 1832~1833년에 발간되었으나 그는 이미 1825년까지 그의 비유클리드 기하학을 창안

하고, 이것이 무모순일 것이라고 믿고 있었던 것으로 보인다. 그러나 일단 이 책이 발간되자 유클리드 기하학이 틀렸다고 주장하는 글로 오해하는 세상 사람들의 비난이 하도 심하기에 그는 이에 놀라서 그 후 영영 과학적 연구를 포기하고 말았다.

보여이와 거의 동시에 비유클리드 기하학을 예감한 또 다른 사람은 러시아의 로바체프스키(Nikolai I. Lobachevsky, 1793~1856)였다. 사실 가우스와 보여이가 비유클리드 기하학을 착상한 최초의 사람들로 알려져 있지만, 실제로 이 주제에 대한 체계적인 전개를 최초로 발표한 사람은 로바체프스키로 보여이의 논문이 인쇄되기 2, 3년 전인 1829~1830년 《카잔회보(Kasan Bulletin)》에 자신의 논문을 발표했다. 이 논문은 러시아에서는 거의 관심을 끌지 못했고, 러시아어로 썼기 때문에 실제로 다른 곳에서도 관심을 끌지 못했다. 그래서 그는 이 논문을 알리려고 1840년 《평행이론에 관한 기하학적 연구(Geometrische Untersuchungen zur Theorie der Parallellinirn)》라는 제목의 독일어 소책자를 발간하고, 죽기 1년 전인 1855년에 〈범기하학(Pangeometrie)〉이라는 프랑스어 논문을 발간했다. 당시에는 새로운 발표에 대한 정보가 매우 늦게 전파되었기 때문에 가우스는 1840년 독일어판이 나와서야 비로소 로바체프스키의 논문을 보았고, 야노스 보여이는 1848년까지 그 논문을 모르고 있었다. 불행하게도 로바체프스키는 자신의 논문이 널리 알려지는 것을 보지 못하고 죽었다. 그러나 그가 발전시킨 비유클리드 기하학은 오늘날 종종 '로바체프스키의 기하학'이라고 부르고 있으며, 위대한 기하학자였던 클리포드(W. K. Clifford, 1845~1879)는 그를 '기하학의 코페르니쿠스'라고 불렀다.

로바체프스키 기하학은 유클리드의 평행선공준을 다음 공준으로 바꾼 것이다.

주어진 선 m 위에 있지 않은 주어진 점 P를 통과하면서 m과 교차하지 않고 P와 m을 품는 평면에 놓인 선을 두 개 이상 그릴 수 있다.

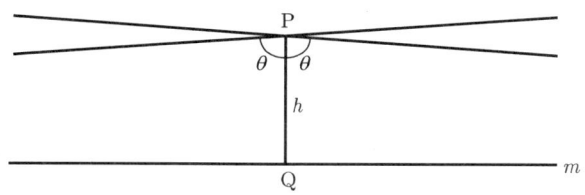

예각의 전제에 근거한 비유클리드 기하학에 대한 광범위한 연구에서 당장은 이것에서 모순이 유도되지 않더라도, 즉 지금은 이것에서 어떤 명제와 그것의 부정 둘 다가 성립한다고 증명되지는 않더라도 두고두고 이 속에서 모순이 유도되지는 않는다는 보증, 즉 무모순성의 증명은 로바체프스키나 보여이도 생각해 보기는 하였으나 그들은 이것을 증명하지는 못하였다.

이 쌍곡공리에 대한 무모순성은 벨트라미(Eugenio Beltrami, 1835~1900), 클라인(F. Klein, 1849~1925), 케일리(A. Cayley, 1821~1895), 푸앵카레(H. Poincaré, 1854~1912) 등이 증명하였다. 그들은 상대적인 무모순성이라는 증명 방법을 사용하였는데, 즉 유클리드 기하학 내에 이 새로운 기하학에 대한 모형을 설정하여 쌍곡공리에 따른 추상적인 전개를 유클리드 공간의 한 부분으로 표현함으로써, 이 새로운 기하학에 모순이 있다면 그 모형에 의하여 유클리드 기하학에서 그에 대응하는 모순을 낳는다는 것이다. 따라서 유클리드 기하학이 무모순이라면 보여이와 로바체프스키의 쌍곡기하학도 무모순이라는 사실이 밝혀진 것이다.

벨트라미는 쌍곡평면을 추적선(tractrix)이라 불리는 곡선을 회전시켜 얻은 곡면상에 나타내는 데 성공하였다. 그는 쌍곡평면을 최초로 유클리드 공간 E^3의 곡면으로 나타낸 것이다. 추적선은 뉴턴에 의해 1676년에 처음 소개되었고, 추적선을 접점과 x축 사이의 접선의 길이가 항상 일정한 xy평면에 있는 곡선으로 정의하였다. 1693년 호이겐스(Huygens, 1629~1695)는

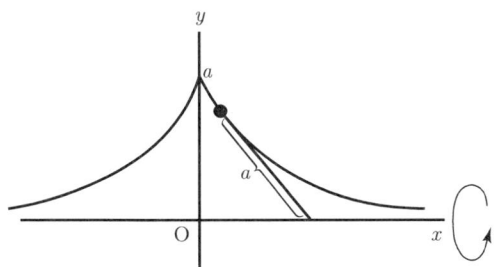

뉴턴의 추적선이란 점 $(0, a)$에 추가 달린 길이가 a인 실의 끝을 잡고 원점 O를 출발하여 x축 위를 움직일 때 추가 그리는 곡선으로 새롭게 해석하였다.

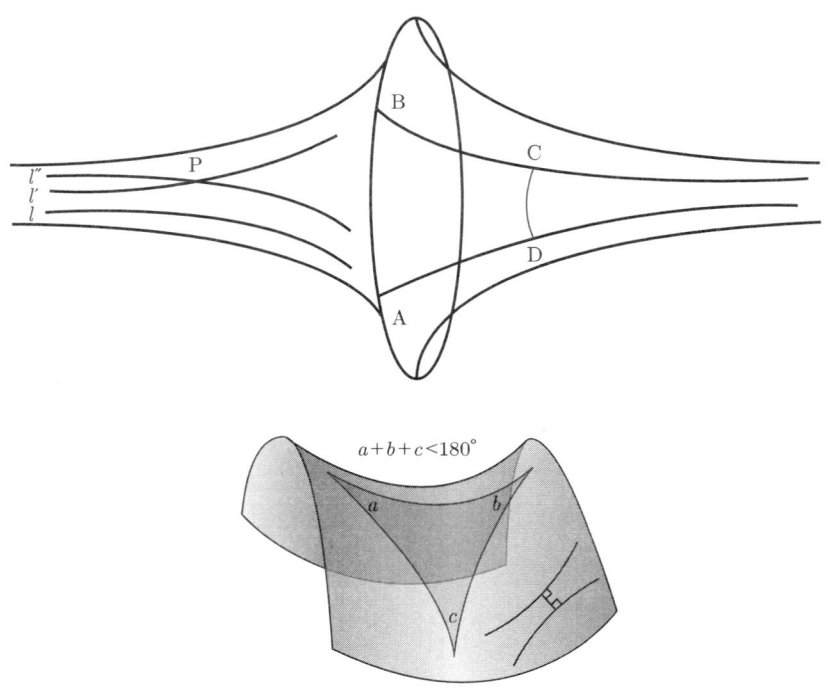

추적선을 x축을 회전축으로 회전하면 그림과 같은 곡면을 얻을 수 있고, 이 곡면을 의구(pseudosphere)라고 한다. 의구면에서 BC와 AD는 회전되고 있던 추적선의 다른 위치에서 취해졌으므로 서로 평행한 의구의 자오선(meridian)들이다. 자오선은 서로 접근하지만 결코 만나지 않는다. 그리고 사각형 ABCD는 사케리의 사변형이고 ∠C = ∠D는 예각이다. 한편 한 점 P를 지나고 한 직선 l에 평행한 직선은 l'과 l''과 같이 두 개 이상 존재한다. 따라서 의구면은 쌍곡 기하학의 여러 가지 성질을 만족시키는 가장 적합한 모형이다.

가우스나 보여이를 비롯한 많은 사람들은 기하학에서 둔각가설은 직선의 길이는 무한하다는 가정에 모순되므로 배재하였다. 그러나 리만(Georg Friedrich Bernhard Riemann, 1826~1866)은 직선의 무한성을 버리고 단순히 한계가 없음을 가정하고 나머지 공준을 약간만 조정하면 또 다른 모순 없는 비유클리드 기하학이 둔각가설로부터 전개될 수 있다는 사실을 보였다. 그는 직선의 무한성과 경계 없음에 대한 개념을 명확하게 하여 유클리드의 첫 번째, 두 번째, 다섯 번째 공준을 다음과 같이 수정하였다.

1. 임의의 두 점은 적어도 하나의 직선을 결정한다.
2. 직선은 경계가 없다(직선은 끝이 없으나 유한길이를 갖는다).
5. 한 평면 위에 있는 임의의 두 직선은 반드시 만난다.

리만은 이 수정된 공준으로 둔각가설을 만족하는 새로운 기하학을 창조하였다. 리만은 1854년 괴팅겐 대학의 '무급강사(Privatdozent)'가 되었고, 관례에 따라서 대학교수 자격을 얻기 위해 교수진 앞에서 논문을 발표하였다. 그때 행한 리만의 강연은 기하학 전체에 대하여 깊고 폭넓게 고찰했다는 점에서 수학사상 가장 유명한 시험 강연이 되었다. 이 강연의 제목은 '기하학의 기초를 이루는 가설에 대하여(Über die Hypothesen welche der Geometrie zu Grunde liegen)'였다. 이것은 오늘날 리만 기하학이라는 새로운 개념의 도입이었다. 리만은 강의를 마무리하는 자리에서 명백하지 않은 주제를 강연한 것에 대하여 사과했다. 그러면서 그는 이와 같은 고찰의 가치는 우리들을 선입견으로부터 해방시킬 수 있으며, 언젠가는 물리적인 법칙의 탐구가 유클리드 기하학 이외의 어떤 기하학을 필요로 하는 시기가 올 것이라고 예언했다. 리만의 예언은 그가 죽은 지 약 50년 뒤에 아인슈타인의 일반상대성이론을 통하여 실제로 구현되었다.

리만은 어떤 기하학에서든지 가장 중요한 규칙은 한없이 가까이 가는 두 점 사이의 거리를 정하는 규칙이라고 생각했다. 보통 유클리드 기하학에서 '거리 (metric)'는 $ds^2 = dx^2 + dy^2 + dz^2$으로 주어지지만 그 밖에 무수히 많은 공식이 거리 공식으로 쓰인다. 물론 이 경우에 사용되는 거리가 그 공간, 곧 그 기하학의 성질을 결정하게 될 것이다.

리만은 구로부터 평면은 구의 구면, 직선은 구의 대원으로 해석하는 데에서 이 기하학의 모델을 발견했다. 리만은 타원기하학의 성질이 구면상의 특성과 매우 유사한 점이 많아서 구면을 타원평면으로 택하였다. 구면상의 점을 타원평면의 점으로 두 점을 지나는 직선은 두 점을 지나는 대원으로 생각하여 타원평면을 구의 상반부로 택하는 경우와 구면 전체로 택하는 두 가지가 있다. 구면의 상반부에서 성립하는 기하학을 단일 타원기하학이라고 하고, 구면 전체에서 성립하는 기하학을 이중 타원기하학이라고 한다.

그런데 타원기하학에서 직선은 일정한 길이를 갖고 닫혀 있으므로 모형을 구면의 상반부로 택하는 경우에는 두 점 P와 Q를 지나는 대원호의 경계점 A와 A'이 일치해야 대원호가 닫힌다. 이 경우에 임의의 두 대원호는 반드시 한 점에서 만난다. 따라서 단일 타원기하학에서는 모형의 경계곡선 C 위에 있는 점 중에서 C의 지름에 대한 반대 점끼리는 같은 점이다. 따라서 단일 타원기하학에서 임의의 두 직선은 한 점에서 만난다. 한편 타원평면을 구면 전체로 취하는 경우에는 임의 두 직선은 두 점에서 만나고, 중심에 관한 대칭점을 지나는 직선은 무수히 많다.

타원평면의 거리는 구면 자체의 거리로 한다. 따라서 두 점 사이의 거리는 두 점을 지나는 대원호의 길이로 정하고 두 직선의 교각은 이것에 대응하는 두 대원호 사이의 교각으로 정한다. 그런데 이러한 교각은 항상 180°보다 작은 것으로 정해진다.

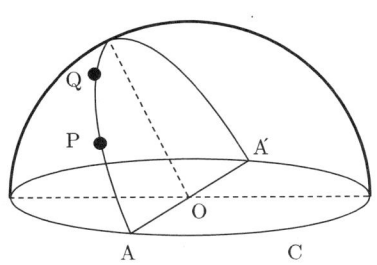 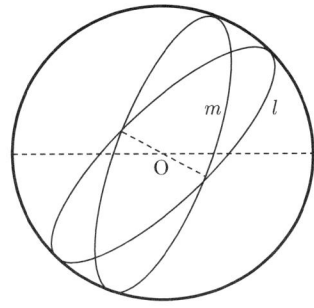

유클리드 기하학과 지금까지 알아본 비유클리드 기하학의 쌍곡기하학과 타원기하학을 비교하면 다음 표와 같다.

	유클리드 기하학	쌍곡기하학	타원기하학
서로 다른 두 직선의 교점의 개수	많아야 하나	많아야 하나	단일타원: 하나 이중타원: 둘
평행선의 개수	단 하나	적어도 둘	존재하지 않는다
두 평행선의 거리 변화	일정한 거리 유지	일정한 거리를 유지하지 않는다	존재하지 않는다
직선은 한 점에 의하여 두 부분으로 ~	나뉜다	나뉜다	나뉘지 않는다
삼각형 내각의 합	180°	180°보다 작다	180°보다 크다
대응하는 각들이 서로 같은 두 삼각형	닮음	합동	합동

비유클리드 기하학의 발견에 대한 직접적인 결과는 오래된 평행선공준 문제를 최종적으로 해결한 것이다. 그러나 이보다 훨씬 더 큰 성과는 전통적 모형으로부터 기하학이 자유로워졌다는 것이다. 비유클리드 기하학은 우리가 살고 있는 세계의 기하학적 진리를 기술하는 학문이라고 생각해 오던 견해에 근본적인 변

화를 주었으며, 이것은 수학의 본질에 대한 견해에 있어서의 혁명이며 코페르니쿠스적 변화였다. 가능한 기하학이 오직 하나만 존재할 수 있다는 뿌리 깊고 수 세기 묶은 신념이 산산이 부서지고 많은 다른 기하학의 체계를 창조하는 방법이 열렸다. 수학자는 자기 마음대로 그의 수학적인 체계에 근거할 공준을 고안해서 단지 그것들이 모순이 없기만 하면 실제적인 물리적 공간에 얽매일 필요 없이 인공적인 기하학을 창조할 수 있다는 것이다.

전통적인 믿음에 대한 건설적인 의심으로 인해 발견과 발전의 놀라운 원리가 태어났다. 아인슈타인에게 상대성이론을 어떻게 발견하게 되었는지 물었을 때, 그는 '공리를 의심함으로써'라고 대답했다. 해밀턴과 케일리는 곱셈에 관한 교환 법칙의 공리를 의심했으며, 코페르니쿠스는 지구가 태양계의 중심이라는 공리를 의심했고, 갈릴레오는 더 무거운 물체가 더 빨리 떨어진다는 공리를 의심했고, 아인슈타인은 서로 다른 두 순간 중 하나는 반드시 다른 것보다 앞선다는 공리를 의심함으로써 위대한 발견을 할 수 있었다. 로바체프스키와 보여이가 유클리드의 평행선공준을 의심했기 때문에 고전적인 비유클리드 기하학의 발견과 함께 수학자들은 둘 이상의 공간이 존재하는, 즉 둘 이상의 기하학이 존재하는 상황을 받아들였다. 이와 같은 공리에 대한 건설적인 의심은 수학의 발전을 이루는 일반적인 방법 중 하나가 되었으며, 칸토어(Cantor)는 "수학의 본질은 자유로움에 있다."라는 말로 수학의 특성을 설명했다.

이제 다음 장에서는 공리를 의심하여 만들 수 있었던 비유클리드 기하학의 예로 푸앵카레의 기하학과 택시 기하학에 대하여 알아보자.

비유클리드 기하학 3

● 20세기

새로운 공준에 의한 새로운 기하학 탄생
수학과 미술의 접점: 에스헤르의 작품
푸앵카레의 기하학: 우주모델
우주의 현상을 설명하다
택시 기하학
수학은 정해져 있는 것이 아니라 만들어지는 것

푸앵카레

비유클리드 기하학의 출현으로 이제 수학자는 '새로운 공준'에 의하여 새로운 기하학을 얼마든지 만들 수 있게 되었다. 그 결과 오늘날 여러 가지 비유클리드 기하학이 탄생하게 되었다. 여기서는 두 가지 비유클리드 기하학에 대하여 알아보자. 먼저 예술작품 속에 숨어 있는 비유클리드 기하학에 대하여 알아보자.

네덜란드의 화가인 에스헤르(Maurits Cornelius Escher, 에셔라고도 함)의 대표적인 작품 '천사와 악마'*는 지름이 416mm인 원에 흰색과 검은색만을 사용하였다. 흰색 부분은 천사이고 검은색 부분은 악마인데 천사와 악마가 서로 연결되어 있고, 가운데 부분에 있는 천사와 악마가 가장 크며 원의 중심에서 원의 둘레 쪽으로 갈수록 천사와 악마는 점점 작아진다.

에스헤르는 사실주의적 세부묘사를 통해 기이한 시각효과와 개념적 효과를

*http://www.mcescher.com/gallery/recognition-success/circle-limit-iv/에서 볼 수 있다.

성취한 판화작품으로 유명하다. 에스헤르는 여러 해 동안 유럽 전역을 여행하며 스케치를 했는데, 이 시기의 작품은 서로 모순되는 원근법을 이용한 환상적인 수법으로 풍경과 자연현상을 묘사한 것이었다. 판화가로서 그의 원숙한 화풍은 꼼꼼한 사실주의와 역설적인 시각효과 및 원근법 효과를 결합한 1937년 이후의 판화 연작에 잘 나타나 있다. 뛰어난 기량을 발휘해 평범한 일상 사물들에서 예기치 않은 은유를 포착한 그의 작품들은 수학자와 지각 심리학자 및 일반 대중의 관심을 끌었고, 특히 20세기 중엽부터 그의 작품은 수학적으로 많은 의미가 있었기 때문에 널리 복제되고 보급되었다.

에스헤르는 수학과 관련된 작품으로 1958년부터 1960년까지 푸앵카레의 우주모델을 주제로 한 4개의 작품을 만들었는데, 그 가운데 1960년에 발표한 작품이 바로 '천사와 악마'이고, 이것이 그가 발표한 4개의 작품 가운데 가장 유명하다. 이 작품은 수학을 이용해서 창조한 것으로 알려져 있는데 그가 이용한 수학은 바로 푸앵카레의 우주모델이다.

푸앵카레의 우주모델은 또 다른 비유클리드 기하학의 예들 가운데 하나로 프랑스의 수학자 푸앵카레(Henri Poincaré)가 만든 것이다. 그는 우주를 중심 온도가 가장 높으며, 중심에서 멀어질수록 온도는 내려가다가 경계에서는 절대영도(−273℃)가 되는 구라고 했다. 3차원 공간에서 우주는 구가 되겠지만 여기서는 원으로 축소해 예를 들어보자.

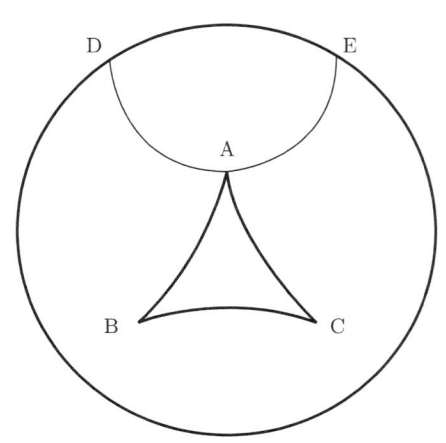

푸앵카레가 생각한 세계에 존재하는 모든 것은 어디에 있어도 온도의 변화를 느끼지 못하지만 이동함에 따라 모든 것들의 크기가 변한다. 즉, 사물이든 사람이든 또는 동물이든 중심으로 다가가면 갈수록 크기가 팽창하고, 경계에 가까우면 가까울수록 경계와의 거리에 비례하여 수축한다. 하지만 모든 것이 같이 변하기 때문에 그 세계에 사는 사람들은 이런 변화를 느끼지 못한다. 이 세계에 사는 사람이 경계에 도달하기 위하여 열심히 걸어가는 경우, 그의 크기가 작아지므로 다리도 짧아져서 보폭이 작아진다. 그래서 그는 아무리 열심히 걸어도 절대로 이 세계의 경계에 도달할 수 없다. 결국 그 사람은 자신이 사는 세계는 무한하다고 생각할 것이다.

이 세계에서 더욱 흥미로운 것은 두 점 사이의 최단거리가 곡선이라는 것이다. 왜냐하면 왼쪽 그림과 같이 어떤 사람이 점 A에서 출발하여 점 B에 도달하려면 중심을 향하는 호를 따라서 가는 것이 발걸음의 수를 줄일 수 있기 때문이다. 그래서 이 세계에서 삼각형을 그리면 삼각형 ABC와 같이 삼각형의 변은 원호가 된다. 평행선도 우리가 알고 있는 것과는 다르다. 선분 DAE는 선분 BC 위에 있지 않은 한 점 A를 지나며 BC와 만나지 않기 때문에 DAE는 선분 BC와 평행이다.

일부 학자들은 우리가 푸앵카레의 우주에 살고 있을 가능성도 있다고 주장한다. 실제로 아인슈타인의 상대성이론에 따르면 길이를 재는 자의 길이는 광속에 다가갈수록 짧아진다고 한다. 게다가 오늘날 우주의 현상을 설명할 때 유클리드 기하학보다는 비유클리드 기하학이 더 적합하다는 것이 여러 가지 방법으로 증명되고 있다. 즉, 비유클리드 기하학은 이 기하학이 성립하는 아직 우리가 알지 못하는 다른 세계를 기술하고 있는 것이다.

이제 또 다른 비유클리드 기하학으로 택시로부터 유래된 것을 알아보자.

우리가 고등학교까지 유클리드 기하학을 배우는 이유는 논리적인 사고와 증명의 본질을 이해하기 위함이다. 하지만 우리가 유클리드 기하학을 너무나도 직관적으로 받아들이기 때문에 이것이 '공리'나 '공준'에 기초한 공리체계라는 사실을 인식하지 못하였다. 그래서 유클리드 기하학은 모든 과학에서 절대적인 것으로 여겨졌고, 비로소 19세기가 돼서야 유클리드 기하학이 아닌 비유클리드 기하학을 생각할 수 있게 되었다. 그래서 어떤 학자들은 중고등학교에서 비유클리드 기하학을 다루지 않는 이유를 학생들이 이해할 만큼 간단한 비유클리드 기하학조차도 유클리드 기하학과 너무나 다르기 때문이라고 했다. 그러나 우리가 배우고 또 알고 있는 유클리드 기하학을 정확히 이해하기 위해서는 간단하면서도 흥미로운 비유클리드 기하학을 소개하는 것이 필요하다. 그래서 비유클리드 기하학 중에서 가장 간단한 일명 '택시 기하학(Taxicab-Geometry)'을 소개하려고 한다.

택시 기하학과 유클리드 기하학의 차이를 알기 위하여 먼저 유클리드 기하학에서의 거리가 어떻게 정의되는지 알아보자.

유클리드 기하학에서 점, 선, 면, 거리, 각 등은 일반적으로 우리가 잘 알고 있는 것들이다. 이 중에서 두 점 사이의 거리는 직각삼각형에 관한 피타고라스 정리를 이용하여 구할 수 있다. 즉, 그림과 같이 좌표평면 위의 두 점 A(a, b)와 B(c, d) 사이의 거리는 다음과 같다.

$$d(A, B) = \sqrt{(c-a)^2 + (d-b)^2}$$

이제 바둑판 모양의 도로망을 가진 도시의 점 A에서 택시를 타고 점 B로 가는 경우를 생각해 보자. 오른쪽 그림에서와 같이 두 점 사이에 건물이 있으므로 택시를 타고 A에서 B로 가려면 직선으로 곧바로 가지 못하고 점 A에서 점 C를 거쳐 점 B로 가야 한다. 즉,

$$d_T(A, B) = |c-a| + |d-b|$$

이와 같이 거리를 측정하는 것을 '택시거리(Taxi-metric)'라고 한다. 그리고 xy평면에 유클리드 거리가 적용되면 '유클리드 평면', 택시거리가 적용되면 '택시평면'이라고 한다. 그런데 실생활에서 두 지점 사이의 거리는 택시거리로 측정하

는 것이 더 현실적이며, 택시평면 위에서는 유클리드 기하
학의 내용들은 옳지 않다. 즉, 택시 기하학은 비유클리드
기하학인 것이다.

택시 기하학이 비유클리드 기하학임을 삼각형의 합동
공리를 예로 알아보자.

유클리드 기하학에서는 "대응하는 두 쌍의 변의 길이
와 그 사이에 끼인 각의 크기가 각각 같은 두 삼각형은 합
동이다."인 삼각형의 합동공리(SAS)가 있다. 그리고 나머
지 두 개의 삼각형의 합동조건은 이 공리에 기
초한 것이다.

왼쪽 그림에서 △ABC는 ∠B = 90°인
직각이등변삼각형이고,

$$d_T(A, B) = |1-1| + |1-3| = 2,$$
$$d_T(B, C) = |3-1| + |1-1| = 2,$$
$$d_T(A, C) = |3-1| + |1-3| = 4$$

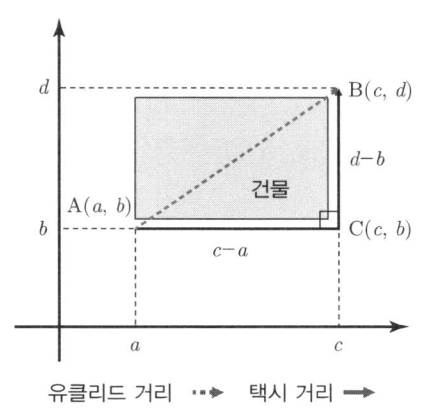

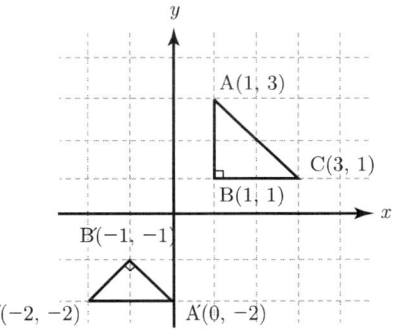

택시 기하학에서는 삼각형의 합동 정리가 성립하지 않는다.
또, 삼각형 ABC는 택시평면의 정삼각형이다.

이다. 한편 △A'B'C'은 ∠B' = 90°인 직각
이등변삼각형이고,

$$d_T(A', B') = |-1-0| + |-1-(-2)| = 2,$$
$$d_T(B', C') = |-2-(-1)| + |-2-(-1)| = 2,$$
$$d_T(A', C') = |0-(-2)| + |-2-(-2)| = 2$$

이다. 따라서 두 삼각형 △ABC와 △A'B'C'는 두 쌍의 대응변의 길이가 각각
같고, 그 끼인각의 크기가 같은 삼각형이다. 그러나 이 두 삼각형은 서로 포개어

지지 않으므로 합동이 아니다. 따라서 택시평면에서는 유클리드 평면에서 성립하던 삼각형의 SAS 합동공리가 성립하지 않는다. 마찬가지 이유로 유클리드 기하학에서 성립하던 삼각형의 나머지 두 가지 합동공리도 택시 기하학에서는 성립하지 않는다.

유클리드 기하학에서 정삼각형은 '세 변의 길이가 같은 삼각형'이다. 정삼각형의 이 정의를 택시 기하학에 적용하면 $\triangle A'B'C'$은 두 꼭짓점 사이의 거리가 모두 2이므로 정삼각형이다. 유클리드 기하학에서 정삼각형의 한 각의 크기는 60°인데, 이 삼각형은 세 각의 크기가 각각 45°, 45°, 90°이다. 즉, 이 삼각형은 택시평면에서 세 변의 길이가 같은 정삼각형이지만 각의 크기가 모두 같지는 않고, 그림에서 보는 것과 같이 유클리드 기하학에서는 정삼각형이 아닌 이등변삼각형이다.

또 우리가 초등학교 기하학에서 배운 마름모는 '네 변의 길이가 같은 사각형'이며, 마름모의 가장 대표적인 성질은 '두 대각선은 서로 직교한다.'는 것이다. 하지만 택시 기하학에서 마름모는 이 성질을 만족하지 않는다. 다음 그림은 각 변의 택시거리가 3인 마름모이다. 그리고 이 마름모의 두 대각선은 점 A에서 교차하는데, 그림에서 보듯이 두 대각선은 직교하지 않는다.

위의 경우와 같이 택시 기하학과 유클리드 기하학은 많은 차이점이 있다. 그 중에서 두 기하학에서 서로 확연이 다른 것은 원에 관한 내용일 것이다. 사실 우리가 알고 있고 실생활에 사용하고 있는 원은 유클리드 거리에 의한 원이다. 실제로 원의 정의는 '한 정점에서 일정한 거리에 있는 점의 집합'으로 이 정점을 중심, 일정한 거리를 원의 반지름이라고 한다. 이 원의 정의를 그대로 택시평면 위에 옮겨 놓아도 우리가 알고 있는 모양의 원이 될까?

중심이 (0, 0)이고 반지름의 길이가 3인 택시원을 xy평면 위에 나타내보자. 반지름의 길이가 3이므로 택시평면

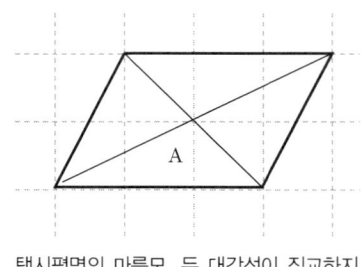

택시평면의 마름모. 두 대각선이 직교하지 않는다.

위에서 원은 $|x|+|y|=3$을 만족시키는 점 (x, y)의 집합이 된다. 오른쪽 그림은 이 식을 만족시키는 점의 집합을 택시평면 위에 나타낸 것으로 택시원은 우리가 알고 있는 원이 아니고 두 대각선의 길이가 같은 마름모 모양의 정사각형이다. 택시원은 두 대각선이 좌표축과 평행한 유클리드평면에서의 정사각형과 같으며, 원점 이외의 점을 중심으로 하여도 마찬가지로 택시원은 정사각형 모양이 된다. 이를테면 중심이 (2, 1)이고 반지름의 길이가 3인 택시원은 $|x-2|+|y-1|=3$으로 나타낼 수 있고, 이는 위의 도형을 x축으로 2만큼 y축으로 1만큼 평행이동시킨 도형이 된다.

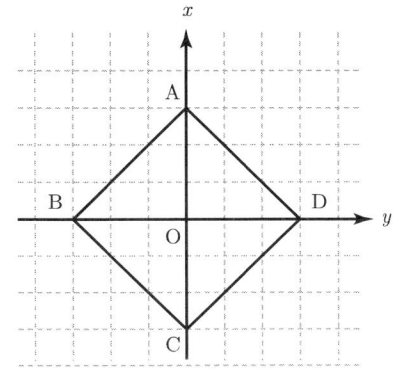

반지름의 길이가 3 택시거리인 택시원

택시 기하학은 위에서 들었던 예 이외에도 유클리드 기하학에서 다루는 것과 마찬가지로 여러 가지 기하학적인 내용을 다룰 수 있지만 우리가 지금까지 학교에서 배운 기하학과는 사뭇 다르다. 택시 기하학은 우리에게 수학은 정해져 있는 것이 아니라 만들어지는 것이라는 것을 설명해 주기도 한다. 즉, 수학을 공부함으로써 고정된 틀에 갇혀 있는 생각의 틀을 깨고 창조적인 생각을 할 수 있게 된다. 그리고 다음 장에서 바로 3차원의 틀을 깨고 4차원으로 향하는 창조적인 생각에 대하여 알아보자.

3차원 기하학을 넘어

- **20세기**

  공간을 이해하고 공간의 차원을 생각하다
  현대수학과 예술: 마르셀 뒤샹, 살바도르 달리, 웨버 맥스
  점, 선분, 정사각형, 정육면체, 초입방체 …
  4차원 초입방체 만들기
  수형도, 트리 구조에 대한 이해
  4차원 공간

보이저는 태양계 외곽의 목성형 행성을 관측하기 위한 탐사선이었다. 이 가운데 보이저 1호는 토성까지, 보이저 2호는 해왕성까지 탐사한 뒤 태양계 밖을 향해 비행중이다.

인류 문명은 끝없이 발전하여 과거에는 신의 영역이라고 여기던 광활한 우주를 탐험하기 위하여 우주선을 발사하기에 이르렀다. 예전엔 신이 살고 있을 것이라고 생각했던 태양, 수성, 금성, 화성, 목성, 토성 등에 대한 과학적 사실들이 속속 밝혀지고 있으며, 미국 항공우주국(NASA)이 만든 무인 우주 탐사선 보이저 1호는 2013년 9월 12일 태양계를 벗어나기까지 했다. 미국 항공우주국에 따르면 현재 보이저 1호는 지구로부터 188억 킬로미터 떨어져 있고, 지금도 시속 6만 1100킬로미터로 점점 더 멀어지고 있다고 한다. 이곳은 이 우주선이 보낸 신호가 17시간 뒤에야 지구에 도착할 정도로 아주 먼 곳이다. 흔히 말하는 태양계는 태양풍이 영향을 미치는 공간이다. 그런데 보이저 1호는 36년 전 태양계 바깥 행성을 탐사하기 위해 발사되어 태양계를 벗어나 성간 공간(별과 별 사이의 공간)에 들어섰다는 것이다.

　인류가 만든 인공물이 태양계를 벗어난 것은 이번이 처음이다. 그러나 앞으로 이런 일은 빈번하게 일어날 것이며, 공상과학영화에서 보듯이 외계의 생명체를 만날 수 있는 날도 머지않은 것 같다. 인류가 이와 같이 우주를 탐험하겠다는 생각을 가지게 된 것은 우리가 살고 있는 공간에 대한 이해로부터 시작되었다. 공간을 이해하는 것은 그 공간의 차원을 아는 것에서부터 시작된다. 대부분의 학자들은 우리가 3차원에 살고 있다고 하는데, 어떤 학자들은 4차원이라고도 한다. 그리고 보이저 1호가 항해하게 될 우주는 11차원이라고 주장하기도 한다. 이와 같은 차원은 오늘날에 와서 기하학의 기초가 되었다.

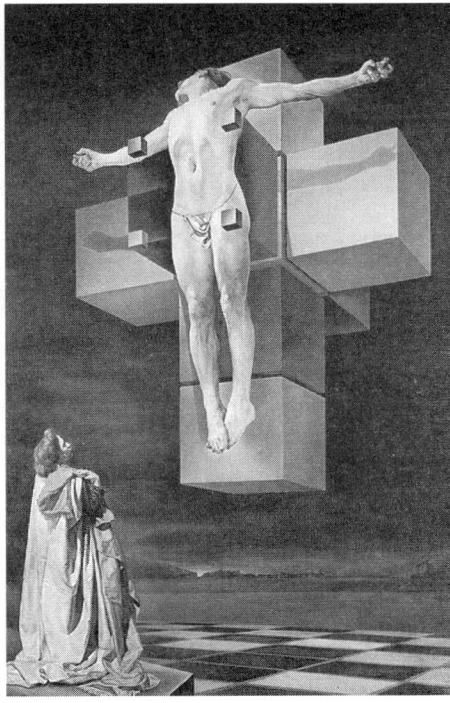

오른쪽_
달리, 십자가에 못 박힌 그리스도, 1954, 뉴욕 메트로폴리탄 미술관
ⓒ Salvador Dali, Funcació Gala-Salvador Dali, SACK, 12014

왼쪽_
뒤샹, 계단을 내려오는 누드, 1912, 필라델피아 미술관
ⓒ Succession Marcel Duchamp/ADAGP, Paris, 2014

오늘 차원은 과학자들만이 다루는 세계는 아니다. 우리에게 널리 알려져 있는 화가 가운데 많은 이들이 차원을 활용하여 작품을 만드는 경우가 많이 있다. 수학의 차원을 활용하여 자신의 예술세계를 보여 준 대표적인 화가로는 마르셀 뒤샹(Marcel Duchamp, 1887~1968)과 살바도르 달리, 그리고 웨버 맥스(Weber Max, 1881~ 1961) 같은 현대 작가들을 들 수 있다.

뒤샹의 1912년 작품인 '계단을 내려오는 누드'는 마치 연속동작과 같은 느낌을 갖도록 형상이 계단 아래로 내려오는 것을 연속적으로 표현하여 전체 움직임을 한눈에 볼 수 있다. 웨버 맥스는 1913년에 완성한 작품인 '4차원의 내부'에 우리가 알 수 없는 이상한 세계를 그려 넣었다. 또 살바도르 달리는 1954년에 '십자가에 못 박힌 그리스도'라는 작품에 4차원 입체도형의 전개도를 그려 넣었다. 그

러나 수학을 전공하지 않은 사람은 그의 작품 속에서 4차원의 입체도형을 찾을 수 없을 것이다. 단지 십자가 모양으로 쌓여 있는 8개의 정육면체에 못 박힌 예수님을 볼 수 있을 것이다. 이 세 화가의 작품 가운데 달리의 작품은 추상적이지 않은 것처럼 보이기 때문에 쉽게 이해할 수 있을 것 같다. 과연 어디에 4차원이 숨어 있을까?

우선 0차원부터 시작하여 차례로 4차원까지 엄격한 학문적인 정의보다는 직관적인 생각으로 차원을 확장해 보자.

수학에서 0차원에서는 모든 것이 하나의 점이다. 즉, 움직일 수 있는 방향이 한 곳도 없고 단지 위치만 차지하고 있다. 이제 이 점에 잉크를 채워서 한 방향으로 일정하게 늘리면 선분이 된다. 즉, 1차원 도형인 선분을 얻을 수 있다. 마찬가지 방법으로 선분에 잉크를 채우고 수직 방향으로 일정한 길이로 끌면 다음 그림과 같이 2차원 도형인 정사각형이 된다. 다시 2차원 정사각형에 잉크를 채우고 수직 방향으로 일정한 길이를 끌면 3차원 도형인 정육면체가 된다.

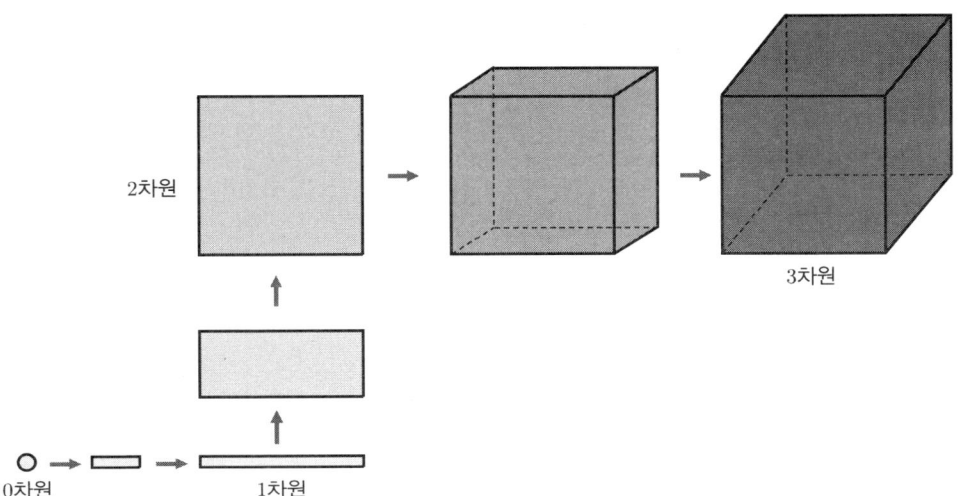

2차원

3차원

0차원　1차원

　이쯤 되면 3차원 정육면체에 잉크를 채워 수직으로 끌면 4차원 입체도형이 될 것이라는 것을 상상할 수 있다. 그리고 우리는 그렇게 해서 얻은 4차원 입체도형을 '초입방체(tesseract)'라고 한다. 그런데 과연 오른쪽 그림이 4차원의 도형을 정확하게 그린 것일까?

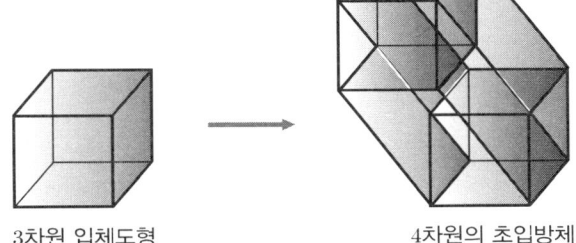

3차원 입체도형　　　4차원의 초입방체

　사실 3차원 입체도형인 정육면체의 그림조차도 정확하지 않다. 왜냐하면 3차원 공간에 있는 도형을 2차원 평면에 그리려면 한 차원을 낮춰야 하기 때문이다. 그래서 정육면체는 실제와 다르게 앞면과 뒷면만이 정사각형이고 나머지는 정사각형이 아닌 평행사변형으로 그려서 시각화한 것이다. 즉, 실제 정육면체는 각 면에 있는 모든 각이 직각이어야 하지만 오른쪽 그

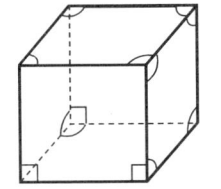

직각: ⌐ 등, 직각이 아닌 각: ∠ 등

앞면과 뒷면인 정사각형이고 나머지는 평행사변형이므로 직각이 아닌 각이 있다.

159

림과 같이 두 면을 제외하고 나머지 4개의 면에는 직각이 없다.

2차원 평면에 3차원을 그리려면 그림을 약간 왜곡하여 한 차원만 확장하면 되지만 2차원 평면에 4차원을 그리려면 두 개의 차원을 확장해야 한다. 따라서 우리가 눈으로 보는 것에는 한계가 있을 수박에 없다. 하지만 4차원 입체도형을 좀더 자세히 볼 수 있는 다른 방법이 있다.

이 경우도 우선 3차원 입체도형에서 시작하자.

3차원인 정육면체를 평면에 정확하게 표현하는 방법 가운데 하나는 전개도를 그리는 것이다. 다음 그림과 같이 정육면체의 모서리를 분해하여 펼쳐 놓으면 2차원 평면이 되며, 전개도에는 모든 각이 직각인 완벽한 정사각형 6개가 나타나게 된다. 이때, 정육면체의 각 모서리가 전개도의 어느 정사각형과 접하게 되는지 알려면 각 모서리에 1부터 8까지 번호를 붙여 전개도에 나타내면 된다.

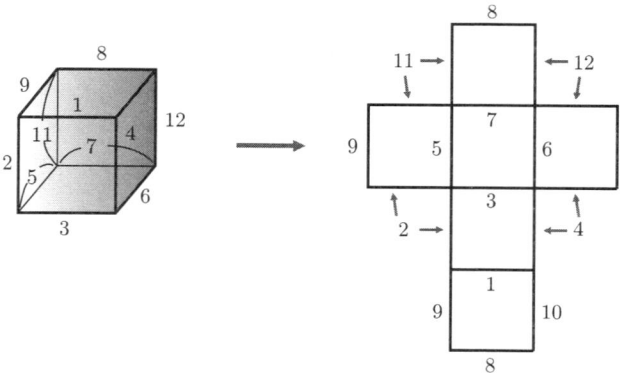

앞의 그림에서 오른쪽 전개도의 정사각형의 변을 한 쌍씩 맞붙이면 다시 왼쪽의 정육면체가 된다. 즉, 2차원 평면에 그려진 전개도에서 맞붙었던 1차원의 선분(모서리)을 붙여서 3차원의 정육면체를 만드는 것이다. 마찬가지 방법으로 4차원 초입방체의 접힌 부분을 펴면 모든 각이 직각을 이룬 8개의 정육면체가 되

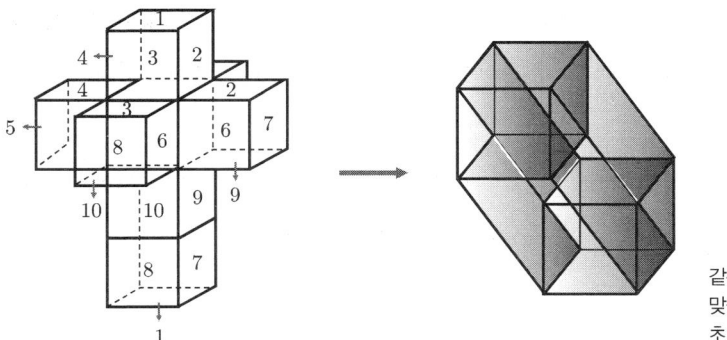

같은 번호의 면을
맞붙이면
초입방체가 된다.

는데, 이것은 다음 그림과 같은 십자가 모양의 전개도가 된다. 이 그림에서도 3차원 입체도형의 2차원 면을 한 쌍씩 맞붙이면 4차원 초입방체가 되는 것이다. 즉, 초입방체의 전개도에 표시된 숫자는 붙어 있었던 면을 나타내며 이 면들을 맞붙이면 초입방체가 되는 것이다.

초등학교에서 배우는 입체도형의 전개도는 입체도형을 한 평면 위에 펴 놓은 그림이다. 전개도는 3차원 물체를 2차원 평면에 나타내기 때문에 평면과 공간 사이의 관계를 잘 이해하고 있어야 한다. 한 입체도형의 전개도는 여러 가지가 있기 때문에 그 입체도형의 전개도가 몇 가지인지 알아내는 것은 흥미로운 수학 가운데 하나이다. 여기서는 정육면체의 전개도에 대하여 알아보자.

다음 두 개의 그림 가운데 정육면체의 전개도는 어떤 것일까?

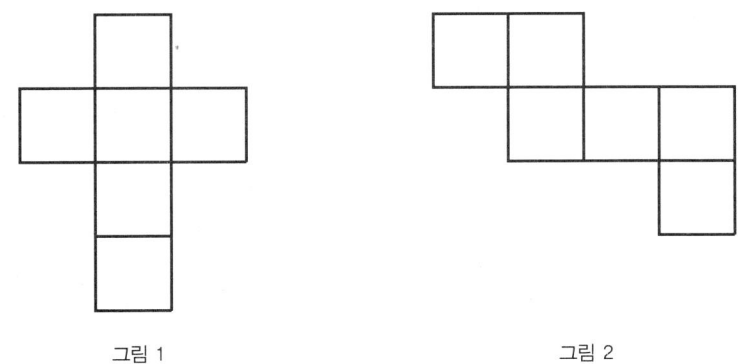

그림 1   그림 2

그림 1이 정육면체의 전개도라는 것은 이미 잘 알고 있다. 그렇다면 **그림 2**가 정육면체의 전개도일까? 전개도라면 또 다른 전개도가 있을까? 있다면 과연 서로 다른 모양의 전개도는 몇 개일까?

이제부터 이 물음에 대한 답을 알아보자. 그런데 답을 알아내기 위해서는 수형도(樹形圖)라고도 하는 트리(tree)에 대하여 먼저 알아야 한다.

트리는 꼭짓점과 변으로 이루어져 있으며 꼭짓점 사이에 적당하게 변이 연결되어 있기 때문에 어떤 꼭짓점에서 다른 꼭짓점으로 변을 따라서 갈 수 있는 경로가 있는 그림이다. 트리에서 어떤 두 개의 꼭짓점이 인접해 있다는 것은 두 꼭짓점을 잇는 변이 있는 경우이다. 또 트리는 그리는 사람에 따라서 꼭짓점의 위치나 변의 길이가 같지 않을 수 있다. 그러나 꼭짓점의 위치를 바꾸거나 변을 구부리거나 늘이거나 줄여서 두 트리를 같은 그림으로 그릴 수 있으면 두 트리는 같은 것으로 한다.

예를 들어 6개의 꼭짓점을 갖는 트리에 대하여 알아보자.

그림 3에 있는 두 개의 그림은 꼭짓점 ①에서 꼭짓점 ②나 꼭짓점 ⑥으로 가는 경로가 있다. 이 두 그림의 다른 어떤 꼭짓점 두 개를 선택해도 그 두 꼭짓점을 잇는 경로가 항상 있으므로 꼭짓점을 6개를 가지고 있는 트리이다. 특히 한 트리의 꼭짓점의 위치와 변을 적당히 조절하면 다른 하나와 같이 그릴 수 있으므로 두 트리는 같다. 또 꼭짓점 ①과 꼭짓점 ②를 잇는 변이 있기 때문에 두 꼭짓점은 인접해 있지만 꼭짓점 ①과 꼭짓점 ③을 직접 잇는 변은 없기 때문에 꼭짓점 ①과 ③은 인접해 있지 않다.

그림 4는 꼭짓점 ①에서 꼭짓점 ②로 가는 경로가 있지만 꼭짓점 ①에서 꼭짓점 ④로 가는 경로가 없다. 따라서 이 그림은 트리가 아니다.

이제 꼭짓점이 6개인 트리에는 어떤 것들이 있는지 알아보자.

그림 3의 트리는 분명히 꼭짓점 6개를 가지고 있으므로 이 트리를 이용하여 다른 트리를 구해 보자.

그림 3　　　　　　　　　　그림 4　　　　　　　　　　그림 5

먼저 **그림 3**의 트리에서 연결되어 있는 한 개의 꼭짓점을 택하여 다른 꼭짓점에 연결하는 경우를 생각해 보자. 이를테면 꼭짓점 ⑥을 꼭짓점 ⑤와 연결하는 것이 아니고 ④와 연결하면 **그림 5**와 같은 트리가 되며, 이 트리는 **그림 6**의 트리와 같은 것이다.

마찬가지 방법으로 **그림 5**의 트리에서 꼭짓점 ⑥을 꼭짓점 ③에 연결하면 **그림 7**과 같은 트리를 얻을 수 있다. 그런데 꼭짓점 ⑥을 꼭짓점 ②에 연결하는 것은 **그림 5**의 트리와 같은 것이고, 꼭짓점 ①에 연결하는 것은 **그림 3**의 트리와 같은 것이므로 한 개의 꼭짓점을 다른 꼭짓점에 연결하는 경우는 위의 경우가 모두이다.

이제 **그림 3**의 트리에서 연결되어 있는 두 개의 꼭짓점을 택하여 다른 꼭짓

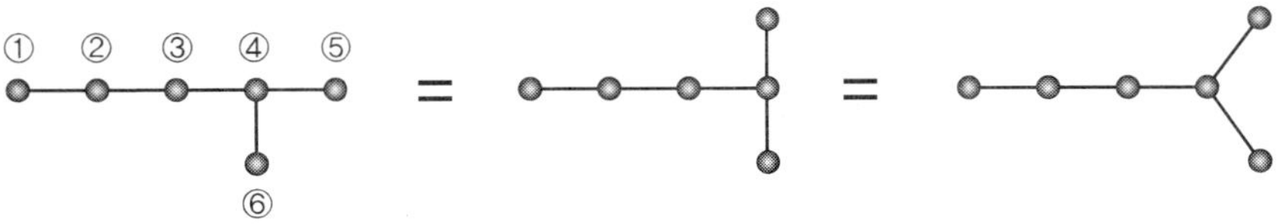

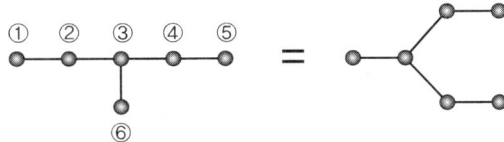

그림 6　한 개의 꼭짓점을 택해 ④에 연결한 경우, 위 세 트리는 모두 동일하다.

그림 7　한 개의 꼭짓점을 택해 ③에 연결한 경우, 위 두 트리는 동일하다.

점에 연결하는 방법을 생각해 보자. 이 경우는 두 개의 꼭짓점을 같이 움직이는 경우와 따로 움직이는 경우 두 가지가 있으며, 그 각각은 다음 **그림 8**의 서로 다른 두 가지 트리가 만들어진다.

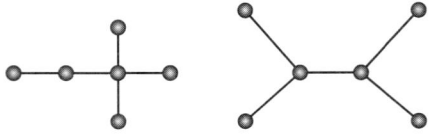

그림 8 두 개의 꼭짓점을 택해 연결한 경우, 위 두 트리는 서로 다르다.

마지막으로 꼭짓점 세 개를 움직이는 방법으로 구할 수 있는 트리는 앞에서 구한 것을 제외하면 **그림 9**와 같은 트리 하나뿐임을 알 수 있다.

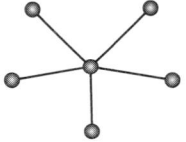

그림 9 세 개의 꼭짓점을 택해 연결한 경우

그러므로 꼭짓점 6개를 갖는 트리는 **그림 10**과 같이 모두 6개임을 알 수 있다.

위의 각 트리에서 서로 인접하지 않은 꼭짓점 두 개씩을 택하면 여섯 개의 꼭짓점을 세 개의 짝으로 나눌 수 있는데, 이렇게 꼭짓점을 선택할 수 있는 트리를 짝트리(paired tree)라고 한다. 예를 들어 **그림 10**의 (4)번 트리는 (①, ③), (②, ④), (⑤, ⑥)과 같이 서로 인접하지 않은 꼭짓점 두 개씩을 택할 수 있으므로 짝트리이다. 하지만 (6)번 트리는 인접하지 않은 꼭짓점을 두 개씩 선택하여 세 짝으로 나눌 수 없기 때문에 짝트리가 아니다. 실제로 **그림 10**의 트리들은 (6)을 제외하고는 모두 짝트리이다.

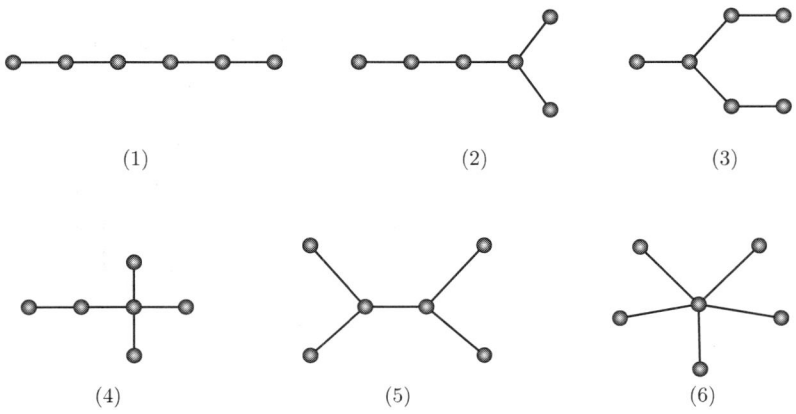

그림 10 꼭짓점을 6개 갖는 트리는 모두 6가지이다. 이 중 (6)을 제외하면 모두 짝트리이다.

짝트리에서 인접하지 않은 두 꼭짓점을 선택한다는 것은 입체도형의 평면도에서 서로 마주보는 두 면을 선택하는 것과 같다. 이때 짝트리에서 변은 정육면체의 전개도에서 두 면이 연결되어 있는 경우이다.

다음 짝트리에서 각각의 꼭짓점을 정육면체의 전개도의 각각의 면으로 생각하면 짝트리에서 인접하지 않은 두 꼭짓점은 정육면체에서 서로 인접하지 않은 면임을 알 수 있다. 즉, 그림 10의 (4)번 짝트리를 이용하여 만들 수 있는 정육면체의 전개도는 그림 1임을 알 수 있다.

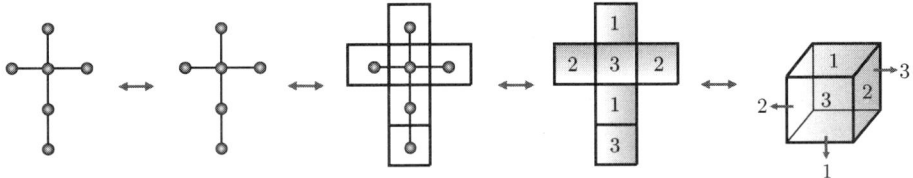

그림 11 인접하지 않는 두 꼭짓점을 택한다. 꼭짓점 사이의 변은 전개도에서 면이 이어져 있음을 나타낸다.

이제 그림 10의 (1)번 짝트리를 이용하여 그림 2가 정육면체의 전개도임을 확인해 보자.

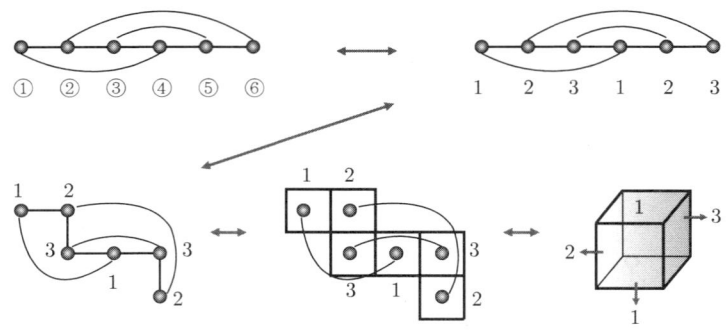

그림 12 짝트리를 이용하면 문제의 그림이 정육면체의 전개도임을 확인할 수 있다.

그림 12에서와 같이 (1)번 짝트리에서 인접하지 않은 두 꼭짓점을 (①, ④), (②, ⑥), (③, ⑤)와 같이 선택한 후 짝이 된 꼭짓점 ①과 ④는 1로, ②와 ⑥은 2로, ③과 ⑤는 3으로 표시하자. 이때 짝을 이룬 두 꼭짓점은 전개도에서 서로 마주보는 면이고, 짝트리에서 변은 전개도에서 연결된 면이므로 다음 그림 12와 같이 전개도를 구할 수 있다.

이와 같이 짝트리를 이용하여 정육면체의 서로 다른 전개도를 구하면 다음과 같이 모두 11개임을 알 수 있다.

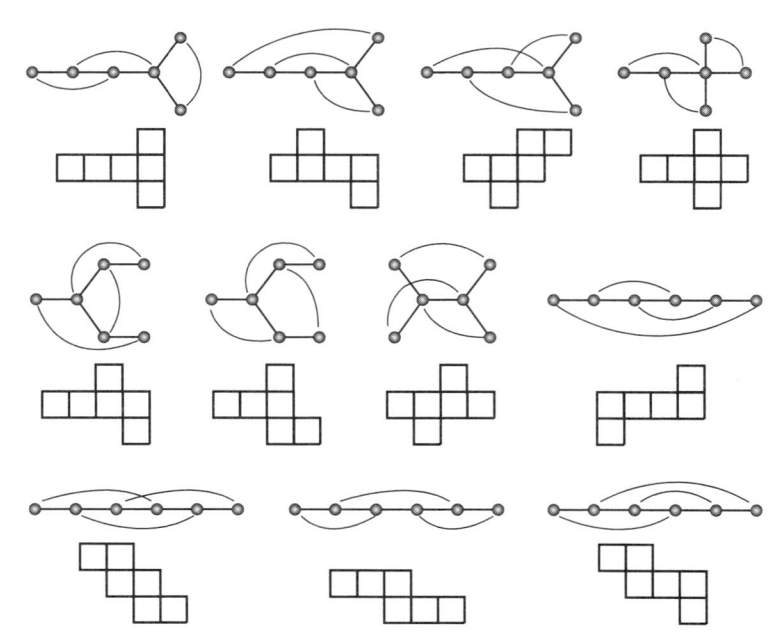

정육면체의 서로 다른 전개도는 총 11가지

현재까지 3차원 입체도형의 전개도의 개수에 관해서는 잘 알려져 있다. 그러나 한 차원 높은 4차원 입체도형의 경우에 전개도가 몇 가지인지 알아내는 것은 어려운 문제이다. 이에 대하여 1966년에 미국의 과학 저술가이며 유희수학(recreational mathematics) 분야에서 이름이 높은 마틴 가드너(Martin Gardner, 1914~2010)는 "4차원 초입방체의 전개도를 3차원 공간에 나타내면 몇 가지가 있겠는가?"라는 질문을 던졌다. 이 질문에 대하여 1985년에 피터 터니(Peter Turney)는 트리를 활용하여 도형의 전개도의 개수를 구하는 방법을 소개했다.

이 트리를 활용하는 터니의 방법으로 4차원 초입방체의 전개도와 그 개수를 구하여 보자. 그런데 3차원인 정육면체의 전개도는 2차원 평면이지만 초입방체는 4차원이므로 전개도는 3차원 입체도형이다. 더욱이 그 3차원 입체도형을 2차원 평면 위에 그려야 하기 때문에 독자들에게 초입방체의 전개도는 약간 혼란스러울 수도 있다. 정육면체를 보는 방향에 따라 여러 가지로 그릴 수 있는 것과 마찬가지로 4차원 초입방체도 보는 각도에 따라 아래 그림과 같이 다르게 그릴 수 있으며, 이들은 모두 같은 4차원 초입방체이다.

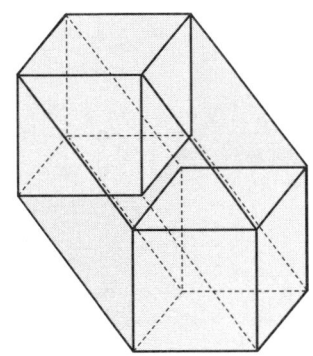
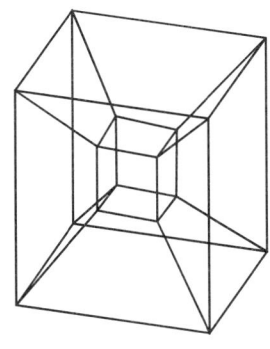
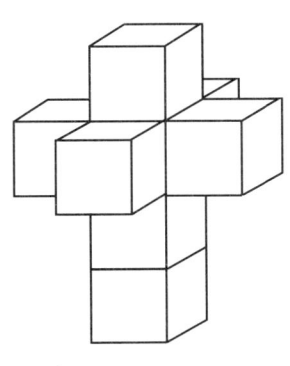

정육면체의 전개도의 종류와 마찬가지로 4차원 초입방체의 전개도의 종류도 매우 많다. 그 가운데 아래의 전개도를 보면 8개의 정육면체가 붙어 있는 모양이다. 따라서 초입방체의 전개도의 개수는 꼭

초입방체의 전개도 가운데 하나

꼭짓점이 8개인 트리 가운데에서 가능한 모든 짝트리의 개수와 같음을 알 수 있다.

우리가 이미 알아본 꼭짓점이 6개인 서로 다른 트리의 개수를 구하는 방법으로 꼭짓점이 8개인 서로 다른 트리의 개수를 구할 수 있는데, 다음과 같이 모두 23개이다.

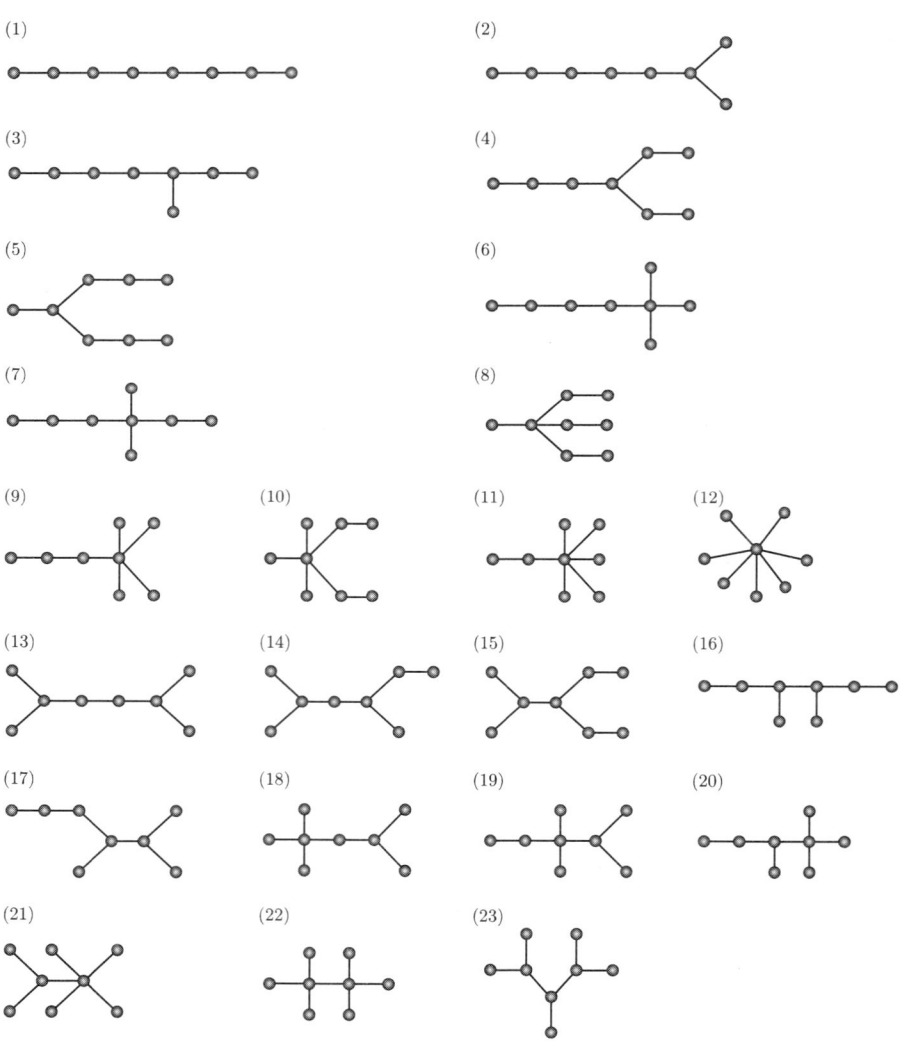

여기서 각각의 트리로 만들 수 있는 짝트리의 수는 다음과 같다.

(1) 24개,   (2) 20개,   (3) 35개,   (4) 18개,   (5) 17개,   (6) 8개
(7) 18개,   (8) 6개,   (9) 3개,   (10) 3개,   (11) 1개,   (12) 0개
(13) 9개,   (14) 19개, (15) 9개,   (16) 22개, (17) 19개, (18) 5개
(19) 10개, (20) 7개,   (21) 1개,   (22) 2개,   (23) 5개

따라서 이들을 모두 합하면 4차원 초입방체의 전개도의 개수는 261개임을 알 수 있다.

이제 위의 (11)번 짝트리를 이용하여 앞에서 주어졌던 초입방체의 전개도가 어떻게 그려졌는지 알아보자.

다음 그림과 같이 (11)번 트리의 인접하지 않은 꼭짓점끼리 연결하면, 트리의 변은 정육면체가 붙어 있는 것을 나타내므로 전개도를 확인할 수 있다.

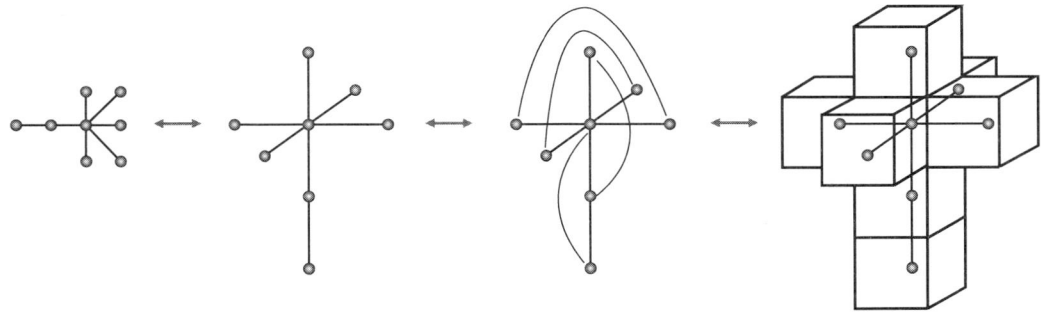

실제로 위의 전개도를 다음 그림과 같은 차례로 이어 붙인다면 초입방체를 얻을 수 있는데, 전개도에 있는 정육면체를 탄력이 매우 좋은 고무라고 생각하고 이어붙이는 것이다(수학에서는 안 되는 것이 없다!).

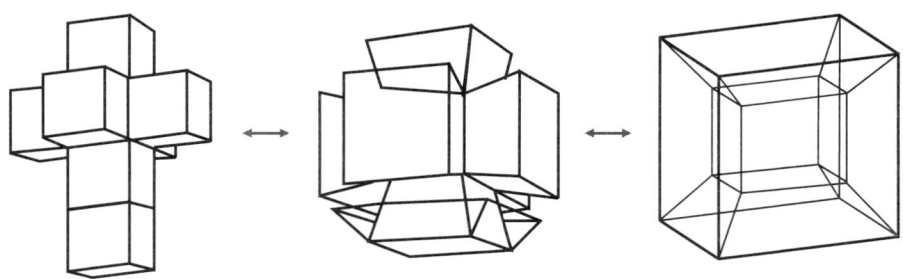

전개도에 있는 각 정육면체를 늘리는데, 특히 밑에 있는 정육면체로는 전체를 뒤집어 싸면 초입방체가 된다.

위에서 그린 전개도 이외에 (16)번 짝트리를 이용하여 다음과 같은 전개도를 구할 수도 있다.

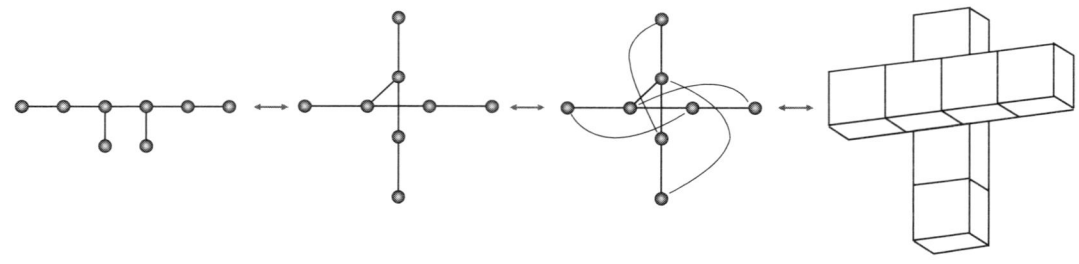

3차원 입체의 경우도 마찬가지이지만 수학을 이용하지 않고 전개도의 정확한 개수를 구하려면 일일이 세야 한다. 더욱이 일일이 세었을 경우 그것이 전부라는 것을 확신할 수가 없다. 그러나 위와 같이 수학을 이용하면 명확하게 모든 문제를 해결할 수 있다. 이처럼 수학은 매우 어려워 보이는 것을 단순화하여 쉽게 문제를 해결할 수 있는 길을 알려 주는 학문이며, 복잡해 보이는 4차원의 세계를 3차원 또는 2차원으로 낮춰 줄 수 있는 것이 수학이다. 다음 장에서 매우 어렵고 복잡해 보이는 것들이 수학적으로 단순히 표현될 수 있음을 알아보자.

기하학을 넘어

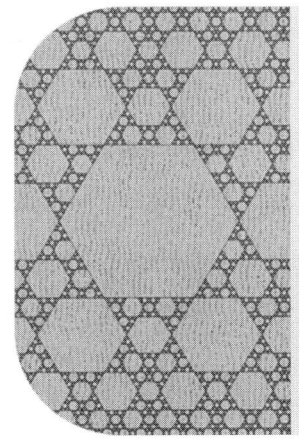

- 20~21세기

프랙털: 아무리 확대해도 들쭉날쭉한 것이 계속되는 도형
프랙털 차원, 하우스도르프 차원
1차원과 2차원의 중간 차원이라는 새로운 차원의 개념 도입
프랙털 도형 만들기
만델브로 집합
코흐의 눈송이
시어핀스키 삼각형
칸토어 집합

유클리드 기하학에서 주어진 공간은 몇 차원인가에 따라 평면도 될 수 있고, 공간도 될 수 있다. 그런데 여기서 말하는 차원은 0 이상의 정수이고, 이에 대한 이야기는 이미 앞 장에서 했다. 하지만 여기서 차원에 대하여 아주 간단하게 다시 한 번 짚고 넘어가자.

직선 위의 점은 적당히 좌표계를 정하면 하나의 실수 x로 표시된다. 또 평면 위의 점은 적당한 좌표계를 취하면 두 개의 실수의 쌍 (x, y)로 표시되고 공간의 점은 적당한 좌표계를 취하면 세 개의 실수의 짝 (x, y, z)로 표시된다. 이런 의미에서 직선은 1차원, 평면은 2차원, 공간은 3차원이라고 한다. 이와 같은 방법으로 우리는 자연스럽게 n차원을 생각할 수 있으며 n차원 공간에 있는 점은 n개의 실수의 쌍 $(x_1, x_2, x_3, \cdots, x_n)$으로 나타낼 수 있을 것이다. 참고로 점은 위치만 있고 크기가 없기 때문에 수학에서는 0차원으로 정의한다.

지금까지 말한 차원을 살펴보면 차원은 0, 1, 2, 3, 4, …, n, … 과 같이 모두 정수이다. 그렇다면 1보다 작은 소수를 차원으로 갖는 공간도 있을까? 또 1보다는 크지만 2보다는 작은 차원을 갖는 공간이 있을까? 그런 경우는 프랙털에서 찾아볼 수 있다.

프랙털(fractal)은 '철저히 조각난 도형'을 뜻하는데, 이 말은 수학자 브누아 만델브로(Benoit Mandelbrot, 1924~2010)가 '조각난'이란 뜻의 라틴어 형용사 'fractus'에서 가져와 만들었다. 1970년대 후반에 만델브로는 프랙털이란 "아무리 확대해도 들쭉날쭉한 것이 계속되는 도형이다."라고 정의하였다. 예를 들어 아래의 코흐 곡선 같은 것이 프랙털 도형의 예이다.

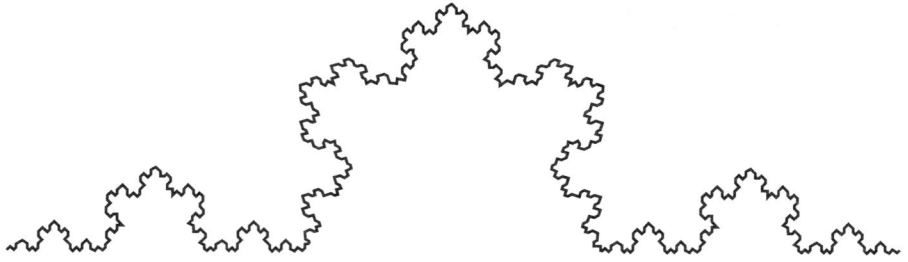

정의로부터 짐작하건대 프랙털 도형은 아무리 확대해도 계속해서 들쭉날쭉하므로 1차원의 곡선은 아니고 자를 이용하여 도저히 그 길이를 측정할 수도 없다. 그렇다면 2차원일까? 그러나 이 곡선이 평면은 아니므로 2차원보다는 낮은 차원이다. 그래서 만델브로는 1차원과 2차원의 중간 차원이라는 새로운 차원의 개념을 도입하였다. 이것이 소위 '프랙털 차원' 또는 하우스도르프(Hausdorff) 차원이라고 한다.

원래 n차원 유클리드 공간에 그려진 프랙털의 차원 D는 모서리를 길이가 $\varepsilon = \dfrac{1}{n}$인 선분으로 나누었을 때 작은 도형의 개수 $N = (\dfrac{1}{\varepsilon})^n$에 대하여

$$D = \log_n N = \frac{\ln N}{\ln n} = \frac{\ln N}{\ln \frac{1}{\epsilon}} = -\frac{\ln N}{\ln \epsilon}$$

이다. 그러나 이것이 수학적으로 정확한 정의이긴 하지만 어렵기 때문에 좀더 간단한 방법으로 알아보자.

정사각형의 한 변의 길이를 2배로 확장하여 새로운 정사각형을 만들면 처음 정사각형에 비해 큰 정사각형의 둘레는 2배 넓이는 4배가 된다.

이번에는 정육면체의 한 모서리의 길이를 2배로 확대해 보자. 그러면 새로 만들어진 커다란 정육면체는 처음 정육면체에 비하여 모서리의 총 길이는 2배가 되고 겉넓이는 4배가 된다. 또 부피는 처음 정육면체의 8배가 된다.

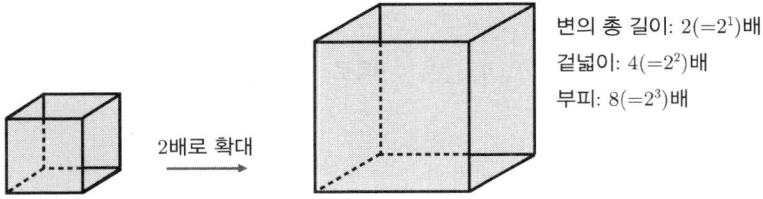

이때 2는 2를 1번 곱한 수이므로 2^1배, 4는 2를 2번 곱한 수이므로 2^2배, 8은 2를 3번 곱한 수이므로 2^3배라고 쓸 수 있다. 즉, 늘어난 길이 2배가 곱해진 횟수 1, 2, 3은 바로 선이 나타내는 1차원, 평면이 나타내는 2차원, 공간이 나타

내는 3차원과 같다. 이와 같이 도형을 x배로 확대하여 어떤 양이 x^n배가 될 때, 확대한 도형을 n차원이라고 한다.

이 정의를 이용하여 코흐의 눈송이의 차원을 구해 보자.

코흐의 눈송이를 다음 그림과 같이 3배로 확대하면 원래 코흐의 눈송이의 길이가 4배만큼 늘어난다. 이것은 변의 총 길이가 처음 도형에 비하여 4배가 되었다는 것을 뜻한다. 따라서 $3^n = 4$에서 n을 구하면 된다. 그런데 $3^1 = 3$, $3^2 = 9$이므로 n은 1과 2 사이의 어떤 값임을 짐작할 수 있다. 실제로 이 값을 구하면 $n \approx 1.26$ 정도이다. 즉, $3^{1.26} \approx 4$이므로 코흐의 눈송이는 약 1.26차원임을 알 수 있다.

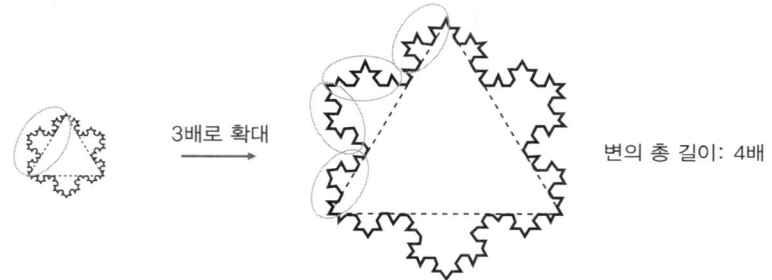

유명한 프랙털인 칸토어 집합과 시어핀스키 삼각형의 차원을 구해 보자. 먼저, 칸토어 집합은 다음과 같은 차례로 만들어진다.

1. 처음 구간은 [0,1]에서 시작한다.

2. [0, 1] 구간을 3등분한 후, 가운데 개구간 $\left(\dfrac{1}{3}, \dfrac{2}{3}\right)$를 제외한다. 그러면 $\left[0, \dfrac{1}{3}\right] \cup \left[\dfrac{2}{3}, 1\right]$이 남는다.

3. 2.에서와 같이 두 구간 $\left[0, \frac{1}{3}\right]$, $\left[\frac{2}{3}, 1\right]$의 각각의 가운데 구간을 제외한다. 그러면 $\left[0, \frac{1}{9}\right] \cup \left[\frac{2}{9}, \frac{1}{3}\right] \cup \left[\frac{2}{3}, \frac{7}{9}\right] \cup \left[\frac{8}{9}, 1\right]$이 남는다.
4. 이와 같은 과정을 계속해서 반복한다.

칸토어 집합

여기서 흥미로운 사실을 하나 알아보자. 칸토어 집합을 만드는 데 각 단계에서 빠지는 길이는 차례로 $\frac{1}{3}, \frac{2}{9}, \frac{4}{27}, \frac{8}{81}, \cdots$이다. 이렇게 빠진 길이를 모두 합하면 어떻게 될까? 이것은 초항이 $\frac{1}{3}$이고 공비가 $\frac{2}{3}$인 등비수열이므로 그 합은 $\frac{1}{3}\left(\frac{1}{1-\frac{2}{3}}\right) = 1$이다. 즉, 무한 번 시행한 후의 칸토어 집합의 길이는 0이 된다. 이와 같은 칸토어 집합은 직선에서 시작했으므로 1차원 이상은 되지 않을 것이고, 점이 무한 개 있으므로 점 하나의 차원인 0차원 이상일 것이다. 실제로 칸토어 집합의 차원은 약 0.63으로 점의 차원보다는 크고 직선의 차원보다는 작다.

이제 시어핀스키 삼각형을 만들어 보자.

시어핀스키 삼각형은 다음과 같은 차례로 만들어진다.

1. 정삼각형 하나를 그린다.
2. 정삼각형의 세 변의 중점을 이으면 원래의 정삼각형 안에 작은 정삼각형이 만들어진다. 이때 가운데에 있는 작은 정삼각형 하나를 제거한다.

3. 남아 있는 3개의 작은 정삼각형 각각에 대하여 2와 같은 과정을 시행한다.
4. 3과 같은 과정을 무한히 반복한다.

시어핀스키 삼각형에서도 흥미로운 사실을 찾을 수가 있는데, 무한 번 반복하는 경우 남아 있는 정삼각형의 넓이를 모두 더하면 0이라는 것이다. 즉, 처음 정삼각형의 넓이를 S라 하면 두 번째 남아 있는 정삼각형의 넓이는 처음 정삼각형의 $\frac{3}{4}$이므로 $\frac{3}{4}S$이다. 세 번째 단계에서 남아 있는 정삼각형의 넓이는 다시 두 번째의 $\frac{3}{4}$이므로 $\frac{3}{4}\left(\frac{3}{4}S\right)=\left(\frac{3}{4}\right)^2 S$이다. 따라서 n번째 단계에 남아 있는 정삼각형의 넓이는 $\left(\frac{3}{4}\right)^n S$이고, 이 과정을 무한히 계속하면 $\frac{3}{4}$이 1보다 작은 수이고 이것을 무한 번 곱하면 0에 아주 아주 가깝게 된다. 따라서 2차원인 평면에서 시작한 시어핀스키 삼각형은 거의 몇 개의 직선만이 남아 있는 것처럼 보일 것이다. 따라서 시어핀스키 삼각형의 차원은 직선인 1차원보다는 크고 평면인 2차원보다는 작을 것이다. 실제로 시어핀스키 삼각형의 차원은 약 1.59로 직선의 차원보다 크고 평면의 차원보다 작다.

칸토어 집합이나 시어핀스키 삼각형은 간단한 경우의 프랙털이고 쉽게 상상할 수 있는 것들이다. 그러나 아무리 쉽게 상상할 수 있을지라도 수학적으로 옳고 그림이나 어떤 성질을 알아내는 것은 프랙털의 차원을 구하는 것과 같이 쉽지 않은 작업이다.

에필로그

지금까지 우리는 인류가 어떻게 기하학을 시작했고 발전시켰는지 고대부터 현재까지 시대별로 중요한 기하학적 사건과 내용을 간략하게 살펴보았다. 기하학의 발전은 어느 한순간에 이루어진 것이 아니고, 그 시대에 그런 기하학이 나오기까지는 반드시 그 전까지 축적된 지식이 있었기 때문에 가능했다. 또 새로운 세계를 열려면 반드시 기존의 생각과는 다른 새로운 생각과 학문적 구조가 필요하다는 것을 이해했을 것이다.

'온고이지신(溫故而知新)'이라는 말처럼 지금까지 살펴본 기하학의 역사와 내용을 바탕으로 우리는 앞으로 더 멋지고 훌륭한 새로운 기하학을 만들어야 한다. 그럼으로써 인류는 좀더 살기 좋고 평화로운 삶을 영위할 수 있게 된다. 그리고 미래에 새로 만들어질 새로운 기하학은 한 발자국 앞에서 여러분을 기다리고 있다는 것을 알아야 한다.